青少年自然科普丛书

植 物 世 界

方国荣　主编

台海出版社

图书在版编目（CIP）数据

植物世界 / 方国荣主编. —北京：台海出版社，
2013. 7
（大自然科普丛书）
ISBN 978-7-5168-0201-4

Ⅰ. ①植…Ⅲ. ①方…Ⅲ. ①植物—青年读物
②植物—少年读物 Ⅳ. ①Q94-49

中国版本图书馆CIP数据核字（2013）第132720号

植物世界

主　　编：方国荣

责任编辑：王　萍
装帧设计：视界创意　　　版式设计：钟雪亮
责任校对：刘　琳　　　　责任印制：蔡　旭

出版发行：台海出版社
地　　址：北京市朝阳区劲松南路1号，　　邮政编码：　100021
电　　话：010—64041652（发行，邮购）
传　　真：010—84045799（总编室）
网　　址：www.taimeng.org.cn/thcbs/default.htm
E-mail：thcbs@126.com

经　　销：全国各地新华书店
印　　刷：北京一鑫印务有限公司
本书如有破损、缺页、装订错误，请与本社联系调换

开　　本：710×1000　　1/16
字　　数：173千字　　　　　　印　　张：11
版　　次：2013年7月第1版　　印　　次：2021年6月第3次印刷
书　　号：ISBN 978-7-5168-0201-4

定价：28.00元

目录 MU LU

千姿百态

我们只有一个地球

方国荣

巨人安泰是古希腊神话中一个战无不胜的英雄，他是人类征服自然的力量象征。

然而，作为海神波塞冬和地神盖娅的儿子，安泰战无不胜的秘诀在于：只要他不离开大地——母亲，他就能汲取无尽的能量而所向无敌。

安泰的秘密被另一位英雄赫拉克勒斯察觉了。赫拉克勒斯将他举离地面时，安泰失去了母亲的庇护，立刻变得软弱无力，最终走向失败和灭亡。

安泰是人类的象征，地球是母亲的象征。人类离不开地球，就如鱼儿离不开水一样。

人类所生存的地球，是由土地、空气、水、动植物和微生物组成的自然世界。这个世界比人类出现要早几十亿年，人类后来成为其中的一个组成部分；并通过文明进程征服了自然世界，成为自然的主人。

近代工业化创造了人类的高度物质文明。然而，安泰的悲剧又出现了：工业污染，动物濒灭，森林砍伐，水土流失，人口倍增，资源贫竭，粮食危机……地球母亲不堪重负，人类的生存环境遭到人类自身严重的破坏。

人类曾努力依靠文明来摆脱对地球母亲的依赖。人造卫星、航天飞机上天，使向月亮和其他星球"移民"成为可能；对宇宙的探索和征服使人类能够寻找除地球以外的生存空间，几千年的神话开始走向现实。

然而，对于广袤无际的宇宙和大自然来说，智慧的人类家族仍然是幼稚的——人类五千年的文明成果对宇宙时空来说只是沧海一粟。任何成功的旅程都始于足下——人类仍然无法脱离大地母亲的庇护。

美国科学家通过"生物圈二号"的实验企图建立起一个模拟地球生态的人工生物圈，使脱离地球后的人类能到宇宙中去生存。然而，美好理想失败了，就目前的人类科技而言，地球生物圈无法人工再造。

英雄失败后最大的收获是"反思"。舍近求远不是唯一的出路，我们何不珍惜我们现在的生存空间，爱我地球、爱我母亲、爱我大自然，使她变得更美丽呢？

这使人类更清晰地认识到：人类虽然主宰着地球，同时更依赖着地球与地球万物的共存；如果人类破坏了大自然的生态平衡，将会受到大自然的惩罚。

青少年是明天的主人、世界的主人，21世纪是科学、文明、人与自然取得和谐平衡的世纪。保护自然、保护环境、保护人类家园是每个青少年义不容辞的职责。

"青少年自然科普丛书"是一套引人入胜的自然百科和环境保护读物，融知识性和趣味性于一炉。你将随着这套丛书遨游太空和地球，遨游海洋和山川，遨游动物天地和植物世界；大至无际的天体，小至微观的细菌——使你从中学到丰富的自然常识、生态环境知识；使你了解人与自然的关系，建立起环境保护的意识，从而激发起你对大自然、对人类本身的进一步关心。

◎ 漫谈植物 ◎

　　植物是大地的衣被：植物保持了土壤中的水分；植物提供了动物和人类不可缺少的氧气，还有食物……

　　植物给地球带来了生气，是地球生态循环中最大的环节之一，人类更离不开它们。

植物向着太阳生长

100多年前，著名的英国生物学家达尔文发现了一桩奇怪的事儿：稻子、麦子的幼苗受到阳光照射后，会向阳光的方向弯曲。但是，如果把这幼苗的顶端切去，或者用东西遮住的话，那么，幼苗就不再向太阳公公"鞠躬"啦！

为什么会这样呢？达尔文提出了这样的假设：在幼苗的尖端含有某种物质，在光的作用下，这种物质跑到幼苗的下部，引起单方向的生长与弯曲。

如果你打破砂锅问到底：这"某种物质"是什么呢？连达尔文自己也没法回答。但是，达尔文的发现与假设，引起了各国科学家的重视，不少人开始着手研究，想把这"某种物质"揪出来！

这个谜，在1933年终于被揭开了：化学家们从幼苗的尖端，"揪"出来好几种物质。这些物质，对植物的生长具有刺激作用，能够叫细胞伸长或缩短，使幼苗"弯腰"——朝太阳一面的细胞缩短，背太阳一面的细胞伸长。这些奇妙的物质，被称为"植物生长素"。

由于向日葵花盘下面的茎部含有这种植物生长素，所以能向着太阳转。种作物的人，哪个不想作物快点儿长大呢！寓言"揠苗助长"里的那个急性人，甚至急得天天到田里把庄稼往上拔一点点。人们这么想：既然这奇妙的植物生长素能刺激庄稼的成长，那么，能不能叫它为农业服务，出点力气呢？

然而，大自然实在太吝惜了，植物中所含的天然植物生长素实在少得可怜：在700万棵玉米幼苗顶端，总共只含有千分之一克的植物生长素！

由于不能完全靠大自然的恩赐，于是人们开始试着自己来制造植物生长素，把各种各样的化学药品，都撒到田里去。人们发现有许多东西，虽然不是植物生长素，却也能对作物的生长起到刺激作用哩。这种人造的，

3

与植物生长素一样对植物生长具有刺激作用的东西，被称为"植物生长刺激剂"。

人类战胜了大自然，人们找到了植物生长素的"代用品"了。最近几十年来，人们找到了上百种植物生长刺激剂，其中大部分是一些复杂的有机化合物，如"二四滴"(二氯苯氧乙酸)、赤霉素等等。另外，像抗生素、微量元素、维生素、高锰酸钾、硼酸、碳酸氢钠、溴化钾等，对植物的生长也有刺激作用，同样被当做是植物生长刺激剂。

植物生长刺激剂是农业技术上的一项新成就。它简直是神通广大、妙用无穷，可以帮助人们干各种各样的事儿：刺激作物快点成长，早点开花，早点成熟，消灭杂草；防止成熟的果实脱落，防止种子发芽……等等。现在，植物生长刺激剂，已经成了支援农业的一支生力军。

地心引力和植物生长

牛顿看见苹果落到地上，产生了疑问：苹果为什么不往天上去呢？经过研究后发现，原来是因为地心引力，所以苹果只能往下掉。

地心既然有引力。植物为什么还会向上生长呢？看来，植物的生长是不受地心引力的影响吧？

实际上恰恰相反。植物是严格地按照地心引力的方向来生长的。植物的根永远向下生长，植物的枝叶则悄悄背着地向上生长。

你如果不信，请把一粒蚕豆放在潮湿的地方，不久它便发芽。先长出来的是根，后长出来的是茎。

随便你把蚕豆怎样摆，正放、平放或倒放，根总是向着地下长，茎总是朝上长。假使你把发了芽的蚕豆平放在潮湿的空气中，只要过几个小时，它的根就向下弯曲，而茎向上弯曲。

这说明植物的生长是受到了地心引力的极大影响。根向下生长的习性，称为向地性；茎向上生长的习性，称为负向地性或背地性。

要是没有地心引力，植物将会怎样生长呢？这倒是一个非常有趣的问题。

在19世纪初，有位科学家为了研究这个问题，想出了一个巧妙的试验：他把各种植物的种苗放在一个磨粉车的轮上，这个轮子围绕着水平轴转动，这样便产生了离心力。这种离心力恰巧把地心引力抵消了。于是植物便按离心力的方向水平生长，根向外长，茎向里长，而不再是向上下长了。

既然肯定植物的生长要受地心引力的影响，那么，根为什么向地生长，而茎反而背地生长呢？许多科学家又纷纷研究起这个问题来。

答案终于找到了。原来植物体内会产生一种生长素，而根与茎对这种生长素的反应是不同的。生长素能加速茎细胞的生长，却也能抑制根细胞的生长。当植物横放时，生长素都流到了植物的下面，这时，茎就因为下面生长快，上面生长慢，而向上弯曲生长：相反的，根由于下面生长慢，上面生长快，而向下弯曲生长。

就这样，植物的根始终向下生长，而茎始终向上生长。

植物的这种习性，对植物本身是有利的。因为根只有向下生长，才能深入土壤，吸收养分和水分；茎只有向上生长，才能接受日光，进行光合作用。否则，这株植物，就不能生存而要被自然所淘汰了。

因此，自然界保存了植物的这种习性。

叶绿素和光合作用

　　植物的绿叶，被人们称为"绿色的工厂"。谁都知道，植物要制造有机物质，必须进行光合作用，当然也一定要有叶绿素的存在。

　　有些植物，例如红苋菜、秋海棠的叶子，常常是红色或者紫红色的。这些叶子虽然是红色的，但是叶子里也有叶绿素。这些叶子之所以呈红色，主要是含有红色的花青素的缘故，它们含的花青素很多，颜色很浓，把绿色盖住了。

　　要证明这件事儿，并不困难。你只要把红叶子放在热水里煮一下，就真相大白了。花青素是很容易溶于水的。而叶绿素是不溶于水的。在热水里，花青素溶解了，叶绿素仍留在叶子中，煮过后的叶子由红变绿了，这就证明了红叶子上确有叶绿素存在。

　　另外，许多生长在海底的植物，像海带、紫菜，也常常是红色或者是褐色的。其实，它们同样含有叶绿素，只不过绿色被另一种色素——褐色素遮住罢了。

　　至于有些植物的叶子，像槭树的叶子，本来是绿色的，到了秋天就变为红色了，这是因为叶绿素被破坏，而花青素(它是红色的)显示出来的缘故。

植物是"绿色工厂"

在17世纪，有个生物学家，叫做梵·海尔蒙特，他曾做过这样的试验：他在一个桶里插了根柳条。事先，海尔蒙特曾分别秤好了桶的重量、柳条的重量与土壤的干重。很快地，柳条种下去以后，生根发芽，长大成树。在栽培的过程中，海尔蒙特除了经常浇些水以外，什么肥料都不施。经过5年以后，他得到了惊人的结果，柳树的重量比原先增加了30倍，而土壤的全部损失还不到100克。

柳树里所增加的东西，是从哪儿来的呢？海尔蒙特的试验，给当时的人们带来了一个巨大的疑问。

有人这样解释：这些增加的物质是自来水分。

但是，这种看法很快在事实面前站不住脚，因为化学分析的结果表明——占柳树干一半重的是碳元素。而水呢？它的分子是由一个氧原子与两个氢原子组成的，根本不含碳。柳树从哪儿摄取这么多碳呢？水里没有碳，土壤里也很少有碳，只有周围的空气，含有一些碳的化合物——二氧化碳。

于是，有人猜想柳树是从二氧化碳中取得碳元素的。他们试着做这样的试验：把柳树种在除去二氧化碳的温室里。很快柳树停止了生长。但是，只要通通风，让普通的空气进入温室，柳树又恢复了正常的生长。

事情终于水落石出了。原来柳树是从空气中吸收了二氧化碳作"原料"，来建造自己的身体。

不光是柳树如此，一切绿色植物都是如此。

二氧化碳是看不见、摸不着的气体，怎么会变成柳树那青青的叶子、白白的木头呢？

这是在柳树里经过一番"加工"才形成的，这"加工厂"，设在柳树的绿叶上，人们称它为"绿色工厂"：在太阳的照射下，绿叶上那奇妙的叶绿素，能够吸收空气中的二氧化碳，使它同水分化合，制成各种各样的有机物，如葡萄糖、淀粉等。而这些有机物，正是构成叶子、木头的"砖头"。

植物吸收二氧化碳的"胃口"大得惊人：植物叶子形成1克葡萄糖，需要消费2500升空气中所含的二氧化碳，而形成1千克的葡萄糖，那植物就必须吸收250万升空气中所含的二氧化碳！

这样看来，二氧化碳对于植物来说，该是多么重要啊！在茂密的森林里或者丛生的花草间，二氧化碳成了各种植物你争我夺的宝贝。

平常，大气中所含的二氧化碳浓度只有万分之三。人呼吸时要吐出二氧化碳，木头燃烧也会产生二氧化碳，然而，在土壤里还有一支制造二氧化碳的大军哩！这就是那些肉眼看不见的小家伙——微生物。由于微生物呼吸的结果，每一昼夜在每公顷土地上有25～2500千克的二氧化碳排放出来。

尽管如此，作物还常常感到空气中的二氧化碳不够它"吃"。为了提高作物的收获量，在农业上，利用人工制造大量的二氧化碳，进行二氧化碳施肥，可以收到显著的效果。

另外，最近人们还发现：不光是作物的叶子会吸收二氧化碳，连根部也会吸收。因此，人们不光是想办法给叶子供应足够的二氧化碳，而且经常翻松土壤，加强土中空气流通，并用人工培养土壤中有益的微生物，千方百计地给根部运送二氧化碳。这样，二氧化碳从叶、根两路齐头并进，浩浩荡荡地开向"绿色工厂"，作物在制造食物时再也不愁没有原料了。

花为什么有多种颜色

唐诗中有："春城无处不飞花"的名句。每当春回大地，黄色的迎春花、浅红色的樱花、粉红色的桃花、紫红色的紫荆……就纷纷绽放。

花儿为什么这样多彩？如果你观察一下，可以发现：大多数花儿的颜色是在红、紫、蓝之间变化着。另外，也有一些是在黄、橙之间变化着。

花色能够在红、紫、蓝之间变化，是因为花朵里藏着一条"变色龙"——花青素。花青素是一种有机色素，它极易变色，只要温度、酸度稍有变化，立即换上了"新装"。

你一定认得牵牛花吧！它那喇叭般的花朵，很引人注目。牵牛花的颜色挺多，有红的，有蓝的，也有紫的。其实，这全是花青素在"变戏法"：如果你把一朵红色的牵牛花摘下来，泡在肥皂水里，这红花顿时变成了蓝花。然而，这"戏法"还能重新变回去，只要你把蓝花倒到稀盐酸的溶液里，它就又变成红花啦！

原来，这是因为溶液的酸碱度变了，引起花青素的变色：肥皂是碱性的东西，花青素在碱性中呈蓝色，而稀盐酸是酸性的东西，花青素在酸性中呈红色。

在植物体内，有酸性的东西，也有碱性的东西。不仅不同植物体内的酸碱度不一样，即使在同一植物体内，酸碱也时刻在变化。这样，花青素就时常在人们面前"耍把戏"，造成"万紫千红"的色彩。

另外，也许你还看到过，花朵的颜色在早上与中午是不一样的，到了中午，颜色往往变浅。其实，那也是花青素的事儿，它能随着温度的不同而变色。

花青素能够溶解于水。因此，如果你摘些花瓣，捣碎了用水一煮，就不难从花朵里把花青素"揪"出来，得到红色或者蓝色的溶液。而花朵却变成灰白，因为它一旦失去了花青素，就犹如演员卸了妆似的，再也不会时而是"红脸关公"，时而是"白脸曹操"，时则又是"黑脸张飞"了。

在化学上，常常利用花青素会随酸碱度不同而变色的这一特点，制成许多实验用的纸和指示液，用来测定一些溶液的酸碱性。

花色能够在黄、橙、红之间变化，那是另一个家伙在"耍把戏"——胡萝卜素。胡萝卜素同样是一种有机色素。胡萝卜素在胡萝卜里含得最多，所以人们就把它叫做胡萝卜素。其实，在许许多多花朵里，也都含有胡萝卜素。

胡萝卜素的种类挺多，大约有60多种。像黄叶子、成熟的香蕉里所含的黄色叶黄素，便是胡萝卜素中的一种。关于胡萝卜素的一些变化情况，现在人们还不太清楚。

胡萝卜素是一种"候补维生素"——人们吃进去以后，在肝脏里可以把它变成维生素钾。

含羞草为什么会卷叶

俗话常说："呆若木鸡。"又说："麻木不仁。"好像说"木"——植物是一动不动，没有知觉似的。

不！当你用手轻轻地碰一下含羞草的叶子，它就像害了羞一样，把叶子合拢起来，垂下去。

含羞草竟然会动！你触得轻，他动得慢，折叠的范围也小。如果你触得重，它动作非常迅速，不到10秒钟，所有的叶子全折叠起来。

为什么含羞草会动呢？这全靠它叶子的"膨压作用"：在含羞草叶柄的根部，有着一个"水鼓鼓"的薄壁细胞组织——叶褥，里头充满水分。当你用手一触含羞草，叶子振动，叶褥下部分细胞里的水分，立即向上部与两侧流去。于是，叶褥下部像泄了气的皮球瘪下去，上部像打足气的皮球似的鼓起来，叶柄也就下垂、合拢了。

含羞草的这股怪脾气，对它的生长很有利，是它对自然条件的一种适应：在南方，时常会碰到猛烈的旋风、台风与暴雨，如果含羞草不在刚碰到第一滴雨点、第一阵疾风时就把叶子收起来，那么，狂风暴雨便会摧残含羞草的娇嫩叶片。

会动的植物不只是含羞草哩！大自然里，你还可以遇到许许多多这样奇妙的植物。像捕蝇草的动作，就迅速得使人吃惊：捕蝇草有着鲜艳的叶子，碧绿的叶面上嵌着一粒粒红宝石似的小红粒，引诱那些昆虫前来拜访。但是，这些带翅的客人们的命运不幸得很，只要它们的足碰到叶片上的一根细细的绒毛，叶子就像陷阱一样，一瞬间猛然合闭，叶缘上长长的轮牙密实地连接起来。没几天，当叶子再开时，里头只剩下昆虫的残骸了，因为它们已经被捕蝇草分泌出来的消化液吃得一干二净，只剩些骨头了。

捕虫花动作也不比捕蝇草慢。在捕虫花狭小的叶子反面，有着一根根会动的硬刺，硬刺的尖端分泌着带粘性的液体。当那些偶然来访的客人们稍一碰上，立刻被这些粘液包围住，硬刺像蝇索一样，来个五花大绑。人们在一棵捕虫花的叶子上，竟找到了235个昆虫的残骸！

青少年自然科普丛书

qingshaonianzirankepucongshu

植物靠根寻找"食物"

动物自己会寻找食物，植物没有腿，难道它们也会自己寻找食物吗？

会的。植物是靠根来寻找食物的。我们可以做个实验看看。

在一块很疏松但很贫瘠的土地上，沿着一个直径0.5米的圆圈，种上一些作物的种子，而在圈子的中央埋进一团厩肥，深20～25厘米，其他地方不要再施任何肥料，并拔掉这个圈子里所有的杂草，让植物好好生长发育。待作物长得很壮大时，你掘开圆圈里的土壤，就能看到植物都把自己的根伸向中央的厩肥，并用根密密实实地把这团厩肥缠绕了起来，它们像在那里聚餐一样。

我们可以在室内进行小规模的试验。用温水做成一杯普通的明胶溶液（在一杯水里加上两三片明胶），然后把它倒进一个盘子里，让它凝固。在这胶冻的边上种上儿粒发芽的种子，并把它们压进胶冻，在胶冻的中央放进一小块硝酸钾或是其他别的肥料。经过三四天后，就可以清楚地看到，所有的根都伸向中央且把这块肥料围绕了起来。

其实，植物根的生长，都是在找"食物"，植物的根系是向它所需要的营养物质溶液浓度大的方向伸展的。

怎样识别植物的年龄

木本植物的年龄是比较容易识别的。一个方法是观察茎干的年轮，一圈就是一岁，两圈就是两岁，一般都不会发生错误。另一个办法是计算枝条的分枝级数，年龄越大，分枝级数也越高，有经验的园艺家就是根据这个来推测果树的年龄。

另外，看树的高矮，树冠的大小、枝条的生长情形、结子多少、树皮的光滑度等，也可以估计树的年龄。

可是对青草、花卉等植物来说，以上的方法是完全不适用的。

草本植物（青草和花卉都是草本植物）中，有许多是属于一年生植物，就是说它们从种子发芽到开花结子而死亡，不超过一年时间。当然，对这类植物，我们就不必去辨识它们的年龄了。荠菜、麦蓝菜等植物都是一年生的，它们的根一般都比较细，用手一拔，就可以拔起来。

有些草本植物是二年生的，第一年生长，第二年开花、结实，然后死亡。它们的年龄也是容易识别的。不是1岁，就是2岁，只要看它们有没有开花结果实就可以知道了。青菜、萝卜等植物都是二年生植物。

对于多年生的草本植物，如何判断它们的年龄呢？多年生草本植物的根一般比较粗壮，有时还长着块根、块茎、球茎、鳞茎等器官。冬天，地上的草枯萎了，地下部分仍安静地躺着睡觉，到第二年气候转暖，它们又发芽生长。

这样一年一年地生长，地下的根或茎也会慢慢肥大起来，有时还会发生分枝。这就给我们提供了识别它们的年龄的根据：可以从地下茎或根的大小、长短、粗细、有没有分枝、分枝多少等特点来推测它们的年龄。当然，这需要有丰富的经验。许多经常挖药草的农民就有很丰富的经验。刨起一棵药草，看看它的根部，就能说出药草的年龄。例如东北有些农民到山上挖人参，常常会挖到几十年的老参。人参的年龄，就是根据根部的大小、形状来推断的。

还有一些花卉，例如菊花，常常被人分根繁殖，那它们的年龄就无从算起了。

怎样鉴定植物性别

动物有公的和母的，植物也有雌的和雄的。不过，植物的性别情况要比动物复杂，植物除了有雌雄同花、雌雄异花和混生（有单性花、又有两性花）以外，还有雌雄异株的，像大麻、桑树、油瓜、菠菜、千年桐就是。

辨别雌花和雄花，并不是什么难事。可是要区分幼小的植物，哪是雌的，哪是雄的，就不容易了。

究竟怎样才能鉴别植物的性别呢？用化学试剂来进行试验，是一个比较简单易行的方法。

先用蒸馏水（或雨水）把甲基蓝制成0.04%的溶液。然后把大麻幼株茎或枝的顶端，即由许多具有生长能力的细胞组成的圆锥状组织（通常叫做生长锥），放在蓝色的0.04%的甲基蓝溶液里，如果溶液的蓝色逐渐减退成无色，就表示这棵大麻是雌的。相反的，如果把大麻的生长锥部分放入以后，蓝色并不减退，或者把生长锥放在无色的甲基蓝溶液里，它能把溶液转变成为蓝色，就表示这棵大麻是雄性大麻。

由于雄性植物株的呼吸强度较高，酸性较强，氧化能力较强，因此它能把无色的甲基蓝氧化成为蓝色，而雌性植株的呼吸强度较低，酸性较弱，还原能力较强，它能把蓝色甲基蓝还原变成无色。这种氧化还原能力的不同，是植物雌雄性器官代谢的重要差异，也就是我们用来鉴定植物性别的根据。

在某些雌雄异株的木本植物中，雌雄性别的差异还表现在单宁（鞣质）的含量上，雄性植株的单宁含量较多。因此，可以用测定植株中单宁含量的办法来鉴定它们的性别。

珍稀的"活化石"植物

化石是没有生命的,可是,在生物界却存在着活的化石。原来,在地质历史时期,许多动植物类群曾经繁盛一时,后来由于自然环境发生变化,这些类群中的绝大多数种类都灭绝了,成了化石,剩下来的个别种类,只是在局部地域得以保持下来,一直活到今天。

这里说的是活化石植物。在我国,著名的活化石植物有银杏、水杉、银杉、水松、台湾杉、金钱松等。它们都有悠久的历史,是植物界的"明星",地球上的孑遗植物。

银杏是落叶乔木,高约40米,枝开展上升,长枝上另生短枝,短枝上族生叶子。叶形像扇子,也像鸭掌,顶端中央常二裂。夏天,树冠张开像华盖,翠绿光润;秋天,绿叶变黄,另是一番景色。银杏雌树花落后结成枣大小的种子,初时青色,熟时变黄,累累满挂。

银杏是古老的较原始的裸子植物。远在2.98亿年前石炭纪末期,银杏已开始生发,到侏罗纪时已处于极盛时期,遍布全球。到了白垩纪,地球上的气候发生巨变,适应性更强的被子植物出现,银杏就趋向衰退了。到了第四纪,由于气候巨变、冰川的侵袭,银杏在欧洲、北美洲全部绝了迹,亚洲大陆也濒于绝种。

水杉是杉科乔木,叶形的落叶习性与水松相似,但水松的球果上的果鳞是覆瓦状排列的,而水杉的果鳞是交互对生的,同柏科植物相似。水杉在白垩纪已经出现在地球上了。后来也曾广泛地分布在北半球。到了第四纪,在巨大的冰川影响下,它被毁灭了,成为化石植物,终于退出生物界的舞台。这种植物化石在中国东北和库页岛上曾相继被发现,科学家们断言,这种植物已经在地球上绝迹了。

1943年,我国植物学工作者第一次在四川省万县(现为重庆万州区)磨刀溪发现了一株奇树,后来又发现了更多的树木。经过研究鉴定,定名为水杉，是"活的化石"。这一发现，成了20世纪植物学上的一项重大事件，轰动了世界。

水杉高30～40米，主干挺拔，侧枝横伸，交替着生于主干，下长上短，层层舒展，宛如尖塔。线形而扁平的叶子分左右两侧生在小枝上，叶子随季节而改变颜色，春季嫩绿，夏季黛绿，秋季金黄，冬季转红，然后凋落。水杉是速生的用材树，又是风景林，既耐严寒，又不怕高温，现在，全世界已有50多个国家栽种水杉成功。

水杉被发现以后不久，我国植物学家又发现了另一种珍贵的活化石——银杉，它被誉为"林海里的珍珠"。

1955年，我国植物学工作者在广西龙胜花坪林区，发现一个天然的绿色宝库，采集了特有植物80多种，并发现了一种特有树种，经鉴定它是松科常绿大乔木，是松科植物中的一个新属，是新发现的松杉类植物的特有种，加上它那银白色的树冠，就取名为银杉，用"华夏"作银杉的拉丁属名，用"银色的叶"作为银杉的拉丁种名。

银杉分布在1600～2000米的山顶和悬崖上，适宜在向阳、温暖、多雾的气候和石灰岩结构的山地黄壤上生长。银杉树干挺直，分枝平展，刚健秀丽，仪态高雅。暗绿色的线形叶，叶下面有两条银白色的气孔带。微风吹拂，枝叶飘荡，银光闪闪，美丽动人。

银杉在第三纪时曾广泛分布于北半球和亚欧大陆。法国、俄罗斯等地曾多次发现渐新世、第三纪沉积层中的银杉花粉和球果化石。到了第四纪，冰川覆盖了北半球，许多植物遭到浩劫，相继死亡，银杉也濒于绝迹。

银杏、水杉和银杉等植物为什么能够生存下来成为活的化石植物呢？原来，银杏的残存地江西天目山深谷，水杉的残存地川鄂边境的磨刀溪，银杉的残存地广西龙胜花坪林区、四川南充金佛山等地，都位于中国南部的低纬度区，地形复杂，阻挡着冰川的袭击，而中国的冰川比较零星，大多是山麓冰山，加上河谷地区受到温暖湿润的夏季风影响，冰川活动被限制在局部地区。这种得天独厚的自然环境，成了这些古老植物的避难所，它们得以保存下来，并继续繁衍后代，成为供今人研究的"活化石"。

油橄榄的传说

地中海沿岸是独特的地中海式气候，夏季炎热干燥，冬季温和多雨。滨海成千成万公顷的油橄榄林园中，那绿色的林海在阳光下闪耀着惹人的光芒，显得朴实无华，成了地中海国家独特的风物。西班牙、意大利、摩洛哥、葡萄牙因盛产油橄榄而著名，被称为"橄榄之邦"。希腊和突尼斯尊油橄榄为国花。

希腊把油橄榄作为和平和智慧的象征。希腊神话中说，油橄榄是希腊人最崇拜的智慧女神雅典娜所种植。雅典娜同海神波塞冬斗法，女神用长矛划地，地上立即长出一株挂满果实、碧绿青翠的油橄榄树。波塞冬用三叉戟插向岩石，石头顿时喷涌海水。万神之王宙斯和诸神公判雅典娜得胜，任命她为当地的保护神，并以她的名字命名这地方为"雅典城"。

后来，人们说，雅典娜留下的橄榄油为人们提供了营养和光明，而波塞冬留下的大海则为人们提供了舟楫的便利，使橄榄油得以运销地中海沿岸各地。

《圣经·创世记》中记载了另一个传说，上帝因见世人行恶，欲降洪水灭世，吩咐心地纯正、善良的亚当第17代孙诺亚造一只方舟，让他率妻、儿、媳，以及牲畜、飞禽、昆虫等各类有生之物一雌一雄，避入舟中。

接着，连下倾盆大雨40昼夜。雨停后，诺亚放出一只鸽子试探水势。因遍地是水，鸽子无处着地，很快飞回。

过了7天，诺亚再次放飞鸽子。这次鸽子飞回时，嘴里衔着新折下的橄榄枝叶，报告平安已经到来。又过7天。诺亚第三次放鸽，鸽子一去不返，诺亚得知水已退尽。于是带家人和生物走出方舟，恢复人间正常生活。从此，鸽子和橄榄枝便成了平安、友好、和平的象征。

油橄榄又叫齐墩果、洋橄榄、阿列布，是木犀科常绿乔木。叶对生，椭圆形或披针形。花多数为白色，形成腋生的圆锥花序。核果椭圆形或卵形。它可长高到15～20米，农人们为了便于收获，修剪成梨树那么高。

油橄榄栽种7年后，开始结果，数量较少。25年后才果实累累，方能获利。它结一年，休一年，生长缓慢，往往是"爷爷种树孙儿享"。平均寿命约200岁，最高的树龄达2000多岁。

油橄榄有几百种，著名的油橄榄品种有：希腊黑色的卡拉拉玛特斯、紫色的安菲萨斯、意大利绿色的阿斯科兰那、西班牙的曼赞尼拉斯等。油橄榄的果实，有的小如种子，有的大如李子；有的绿色，有的却是紫色、黑色的。食用的油橄榄采摘较早，呈绿色；榨油用的油橄榄，熟透了才采摘，大多由绿变为黑色了。

每年11月中旬，橄榄之邦进入了为期4个月的忙碌的收获季节。人们组成一队队采摘队，有男有女，穿着民族服装，弹起民族乐曲，向着一望无际的橄榄林进发。男人们用梯子爬上树，抓住沉甸甸的树枝采摘，女人们忙着收集和装运。

在突尼斯，这个时候几乎全国有半数人在为油橄榄而忙碌着，从种植园一直到采收、运输、榨油、港口贸易，到处是忙碌的工人。

油橄榄的果实是地中海沿岸人们的一种主食，古代人在长途旅行、航海和战争的时候，以它为食物，橄榄油又是烹煎、调味、点灯、祭祀、制药的珍贵物品，深受人们喜爱。油橄榄是人民的财富，每年可换取大量外汇，哺育着勤劳的人们。有首歌谣说："一盘果子，可当作一顿美餐；一羹匙果汁，又是一剂治病良药；果树呢，是胜过金钱的最珍贵的新娘嫁装。"姑娘在丰收季节里，充满幸福的希望，难怪人们叫它"吉祥树"了。数千年来，油橄榄点缀了从希腊到巴勒斯坦及亚洲西部许多地方的地表景色。在公元前600年希腊克里特岛油橄榄已成为古罗马的重要经济作物了。

如今，油橄榄的种植主要用于制造橄榄油，遍植于南欧。20世纪70年代末，西班牙和意大利的产量最高，两国产量均占世界总产量的25%，其次是希腊，约占10%。其他重要的生产国有葡萄牙、土耳其、塞浦路斯、以色列、美国和阿根廷等。欧洲的油橄榄有近5亿株，占世界栽培总数的3/4。亚洲约占13%，非洲占8%，美国占3%。

　　我国曾在20世纪60—70年代尝试栽植，但气候条件不适，效果不理想。现在，浙江的杭州植物园中栽培的油橄榄可供观赏。

◎ 生态环境 ◎

自然界的生物按"适者生存"的原则进化着。同时，无论动物和动物之间、植物和植物之间、动物和植物之间，还有它们与微生物之间，都广泛地存在共生协作的关系……

植物的共生互利

达尔文的进化论学说认为：自然界中的生物之所以能进化，主要是由于相互竞争，弱肉强食，从而导致适者生存，不适者遭淘汰的结果。这很容易使人较多地注意到自然界中相互对立、斗争的一面，而忽视了互恩互惠，相互帮助的一面。事实上，无论是动物和动物之间，植物和植物之间，或是动、植物之间以及动植物与微生物之间，都广泛地存在着共生协作的关系。共生的结果，往往使双方更能适应环境，从而导致生物的进化。了解一下奇妙的共生世界，或许对我们会有许多启发。

共生一般是指两种生物或其中的一种由于不能独立生存而共同生活在一起，或一种生活于另一种体内，相互依赖，各能获得一定利益的现象。可见，共生现象最为重要的特点是：双方获利或至少一方有利，另一方无害。

植物界中较为典型的共生现象有地衣（藻类和菌类共生）、根瘤（如固氮菌和豆科植物共生）、菌根（真菌和高等植物的根共生），其他还有昆虫和一些花之间的特异共生等。

在空气新鲜的野外丛林中，留意一下树杆表面、枝丫上或裸露的岩石上，常常可以看到灰白色或褐色，呈叶状、壳状乃至枝状的植物体，这便是地衣植物。

地衣无花、无果，亦无根、茎、叶的分化，显然属低等植物。解剖一下并仔细观察，就会发现它是一类由真菌和藻类组合而成的复合有机体，通常真菌菌丝缠绕并包围藻类细胞。藻类经光合作用，制造有机物供给自身及真菌；真菌则吸收水分、无机盐和二氧化碳等以供藻类的需要。

有人曾试着把两者分开，结果藻类照样能生存而真菌却不能存活。地衣这个共生体除了营养供应上相互弥补外，还具备了极强的生命力，无论在高山绝顶，沙漠裸石，北极冻原还是高温地带，均能见到它的踪迹。

据统计，全世界共有地衣种类达25000余种。另外，生长于峭壁和岩石上的地衣能分泌地衣酸腐蚀岩石，促使岩石逐步风化，为日后苔藓等高等植物的生长创造条件，所以，地衣是自然界的开路先锋。近来，人们发现地衣中的特殊化合物已达100多种，其中一些化合物具有抗癌能力。人们还将地衣作为监测环境的指示植物。

寻找根瘤其实并不难。小心拔起大豆等豆科植物的根，你会发现根上附生有许多小瘤状的结构，其横切面呈红色，这便是根瘤。根瘤由根瘤菌侵入豆科植物的根而形成，是一种根瘤菌和豆科植物的共生体。根瘤菌能有效地固定大气中的氮气，除满足自身需要外，多数供给豆科植物，后者则为根瘤菌的生长、繁衍提供了特异的环境条件。

豆科植物和根瘤菌之间的共生是生物固氮中最先进和最复杂的系统。每一种根瘤菌都有专一的对象，如大豆上结瘤的细菌只能和大豆属的植物结合，而不能和苜蓿共生。目前已查明的豆科植物有一万种以上，其中考察过能形成根瘤的仅占10%左右，能被栽培利用的不到50种，所以，研究豆科植物的固氮作用具有很大潜力。

我们知道，空气中的氮气不能直接为植物所利用，只有通过特定途径将氮气转化为硝酸根离子、铵离子等形式才行。这些途径主要有大气固氮（通过光化学和闪电，但固氮量较少），工业固氮（如根瘤菌固氮）。近年来，全世界每年生产的化学氮肥约为0.5亿吨，而通过生物固氮的氮素可达1.5亿吨，为化学固氮的3倍，这其中，豆科植物的固氮量又占了大部分，可见，豆科植物的根瘤是多么不平凡。

另外，工业固氮多是在高温高压下进行，且消耗大量的人力、财力和物力，而生物固氮则在常温下"免费"进行，相比之下，孰优孰劣，已是十分明了。目前，人们最感兴趣的问题是：设法诱导非豆科植物如水稻、小麦、棉花等农作物，使之也能形成根瘤，能自己固氮，这无疑将会带来农业上的绿色革命。随着基因工程技术的不断应用和推广，这一天终将到来！顺便提一下，胡颓子属、桤木属、杨梅属等的一线种类亦具根瘤，也有固氮作用，不同的是这些根瘤是放线菌侵入这些植物的根部而形成的。此外，红萍和固氮蓝藻的共生也是共生固氮的重要来源，在农业生产上也经常应用。

豆科植物的根瘤和根瘤菌已为人们所了解，但很多人对菌根可能还很陌生。其实，菌根是植物界中最广泛的一种共生体，它是真菌和植物根系所形成的互惠共生体，家族庞大。以菌丝是否侵入根内而分为两种情况，即内生菌根和外生菌根。自然界中95%的植物能形成内生菌根，只有少数植物如杜鹃花科、松科和桦木科能形成外生菌根，兰科的菌根较为独特，有人称之为兰科菌根，如药用植物天麻，它是一种多年生腐生草本，其本身不能吸收营养，只能通过和其共生的密环菌来协同实现。兰科植物较难移栽，移栽时须带些母土，否则就难以成活，这也和与其共生的菌根相关。

根瘤共生体能固氮，增加土壤及植物中的氮素养分，菌根则对植物的养分吸收、抗旱性及抗病虫害的能力等都有很大影响。在果树上菌根已进入实用阶段，如在苗圃中可以用很小的成本接种"菌根真菌"来代替施用磷肥和锌肥。但总体上看，由于一些技术问题还未解决，菌根的开发利用在我国尚不普及，还停留在试验阶段。

上面谈了植物界几种较为典型的共生现象，其实共生现象还是较为普遍的，如桑科榕属中的无花果、薜荔榕和某些特定的瘿蜂之间也存在较为复杂的共生关系。

近年来，有些生态学家将互利、寄生、共栖等表示两种生活在一起的生物之间的关系都归入共生现象的范畴，这使得共生的范围大大扩大了。但不管怎样，共生还是以互惠互利为主流的特殊的生存方式，它使生物的适应性增强，有利于物种的生存和进化。

"死亡谷"与指示植物学

北美洲有个气味山谷，当地的印第安人把它叫做"死亡谷"。这里风和日暖，土壤肥沃，草木繁盛，可是到这里定居的人们，不出数年都会死亡，甚至误入其间的野兽，也会很快死去。

欧洲移民来到这里生活以后，他们翻耕土地，播种庄稼，作物获得丰收。但好景不长，一只"无影的魔掌"又偷偷地向他们伸来，有人眼睛瞎了，有人毛发脱落了……不久人们相继死去。于是，气味山谷又恢复到原来的宁静。

第二次世界大战以后，山谷里来了一批地质人员，通过他们的调查研究发现，这里的地层和土壤中含有大量的硒（Se），同时缺乏硫。这里的植物为了维持正常的生活，就从土壤中吸收与硫性质接近的硒，以补偿土壤中硫的不足。这样，这里的植物体内含有高浓度的硒，当人们或动物直接或间接地食用这些植物后，植物中的硒就在生物体内积累起来，造成人和动物机体遭受毒害，以致死亡。真相大白后，人们利用植物能积累硒的特点，大量种植豆科紫云英属植物，在收割、晒干、烧成灰后，从中提取硒，每公顷可获得2.5千克硒，从而彻底改变了这个山谷的坏名声。

根据上述故事的启示，人们对植物所表现出的这类特性，以及植物与环境之间的密切关系进行深入探索，从而形成一门新的研究领域——指示植物学。

指示植物学是一门波及面很广的学科，它的研究对象是指示植物。所谓指示植物是在一定自然地区范围内，能指示环境或其中某一因子特性的植物种、属或群落。例如，石松是酸性土壤的指示植物，仙人掌是土壤和气候干旱的指示植物，马尾松、映山红、铁芒萁群落是我国南方红壤的指示群落……

从此，指示植物学在地质学方面被广泛地应用着。地质学家用植物来探矿。

1952年，我国的地质工作者在安徽某铜矿进行勘查时，发现海州香薷（唇形科）是一种铜矿指示植物。消息传开后，江苏、湖北、安徽等地的一些已知的铜、铁矿床上对它进行了广泛的调查和分析，发现有海州香薷生长的土壤中，铜的含量高达1000～2000毫克／千克，从而确认海州香薷是有效的铜矿指示植物，被用做铜普查的标志之一。随着人们对铜矿指示植物的不断探索，发现除海州香薷外，石竹科、蓼科、唇形科、杜鹃花科、鸭跖草科等的部分植物也是铜矿的指示植物。

其中更值得提出的是，1980年，中国科学院植物研究所在辽宁红透山铜矿发现，在含铜量500毫克／千克以上的土壤上，常有细梗石头花（石竹科）成丛地生长，而在铜量低于150毫克／千克的地段上，未见该植物生长。分析结果表明，细梗石头花地上部分的含量和土壤中的含铜量相关性十分显著，确认细梗石头花对含铜量高的土壤有指示作用。

同样，中国科学院植物研究所在辽宁青城子铅锌矿区调查，发现酸模叶蓼，苔草和胡枝子生长繁盛，形成群落，而在其他地方生长稀疏或不易见到，确认它们是铅锌矿的指示植物。在国外，人们同样发现有些植物对矿藏有一定的指示作用，例如，生长林堇菜和芦叶堇菜的地方可能有锌矿，生长针茅的地方可能有镍矿，生长喇叭茶的地方可能有铀矿。在氮和磷很丰富的地方荨麻生长特别旺盛。

科学工作者还发现，植物不仅能反映土壤中矿物质的含量，同时还能把从土壤中吸收的矿物微粒排放到大气中去。

据估计，植物每年以这样方式排放到空气中去的各种物质超过10亿吨。科学研究证实，植物主要是通过水分蒸发把各种元素带到大气中去的，特别是氯、钠、钾、锂等。

现代植物能指示矿藏的存在，同样，也能通过植物化石存在的多寡来寻找煤和石油矿藏。例如，据研究，我国煤和石油主要生成在石炭纪、二叠纪、侏罗纪、白垩纪和第三纪。生长在石炭纪、二叠纪的植物有鳞木、封印木、楔叶木、芦木等高大木质蕨类植物；生长在侏罗纪、白垩纪年代的有银杏、苏铁、松柏等裸子植物；生长在第三纪的有松柏和被子植物。

　　有人发现：华南中生代有两个主要成煤期，一是晚三叠世，二是早侏罗世。在晚三叠世地层中发现苏铁及真蕨很丰富，这时期主要造煤植物是苏铁，而真蕨多为草本，植物体能转化成煤质的不多。因此，我们可以把苏铁视为我国南方晚三叠世的"指煤植物"。同样，我们可以把银杏视为早侏罗世的"指煤植物"。而石油矿藏的勘探，主要依据孢粉的颜色、种类及其组合来进行，这已形成一门新兴的学科。

能预测地震的合欢树

合欢是豆科落叶乔木，在全世界分布很广，原产热带、亚热带的亚洲、非洲和大洋洲。我国华东、华北、西南、中南地区都有分布和栽种。它性喜阳光充足、空气湿润的环境，具有耐干燥瘠薄、抗盐碱的能力，因此分布较普遍。

台湾有首民歌，对合欢作了这样的赞美："合欢花啊，我心中的花；你红得像团团火焰，美得像烂漫朝霞。你开遍阿里山的云峰翠岭啊，你映红日月潭的银帆浪花。"

澳大利亚是合欢重要的分布地之一，那里有多种合欢树，其中金合欢被尊为国花。

合欢那云片状的枝叶，形成伞状树冠，潇洒而清秀。特别是那许许多多对生的小叶，像弯弯的小镰刀，每到夜晚或阴雨天，能够自动合拢，到第二天清晨又会再度舒展开来，生动而有趣，惹人心欢。因此，人们叫它"合欢"，也叫它"叶合花"、"夜合槐"。

合欢树根部长有根瘤菌，能改良土壤，提高土壤的肥力，它成为沙地、盐碱地和海岸造林绿化的开路先锋。它还是净化空气和保护环境的良好树种，在工厂周围种植，能吸收大量污染气体。

澳大利亚政府对环境保护十分重视。首都堪培拉规定不准住宅圈围墙。因此，家家户户的庭院都用金合欢树作篱笆，所以金合欢树又叫"篱笆树"。花开时节，路边屋旁到处一片金黄夹翠绿，绚丽夺目，形成一个个点缀在大花园中的小花坛。

1981年9月，在澳大利亚悉尼市召开的第13届国际植物学大会上，选择了一枝娇嫩的绿色金合欢嫩株作为盛会的象征和会徽。大会东道主发给每位代表的名签上印有一束金合欢，论文摘要和日程表也印着金合欢图案。

合欢富有经济价值。种子含油率达10%；树叶可用来洗涤衣服，因此又叫它洗手树；嫩叶可食，花和树皮可入药，对神经衰弱、胸闷不舒、失眠、健忘有疗效。

据科学家发现，合欢有预报地震的征兆。日本科学家20世纪70年代末曾对合欢树进行3次野外植物生物电位的测定。每当电位记录应该是直线状的时候，却出现异常电位——大的波形变化时，几小时或几十小时后，在附近地区每次都相继发生了地震。

能防疟疾的桉树

桉树原产澳大利亚及其附近岛屿。它是桃金娘科桉树属植物的总称，约有600种，其中许多种类非常耐旱耐寒。

澳大利亚的一种桉树名叫杏仁桉，是世界上最高的树木，一般能长到100米左右。有棵杏仁桉高达156米，相当于40多层楼的大厦的高度。本世纪初，地球上的建筑物都没有这棵树高。1909年，美国纽约建成一座47层189米高的胜家公司大厦才打破了桉树高度的纪录。澳大利亚将桉树定为国树。

桉树一般为常绿乔木。叶通常互生，有柄，羽状脉，全绿，多为镰刀形。早春开花，花白、红或黄色，多为伞形或头状花序，萼筒常为倒圆锥形，萼片与花瓣连合成帽状体（也叫花盖），开花时脱落。枝、叶、花有芳香。

杏仁桉的树干长得又高又大，笔直，光溜溜的，没有节疤和枝丫，向上逐步变细，到了顶端，才长出少量的枝叶来，仿佛戴了一顶帽子。这种树形，对避免风灾是很有利的。最粗的树干周长20米，要20个人手拉手才能把它围起来。树基也大得惊人，有人测量过最大的周基是30米，桉树树大根深，因此不容易被风吹断，屹立不动。

杏仁桉的空树干是一座天然"住宅"。澳大利亚有一户人家，5个人就住在这树洞里，一年到头，都很温暖干燥。也有人把它作为贮藏室，或牲畜栏圈。

桉树的叶子着生得很奇怪，常见的树叶大多是表面朝天的，可是它与众不同，都是叶倒朝着太阳，好像垂挂在树枝上一样。原来，这里气候干旱，阳光强烈，叶子垂挂，改变成同阳光投射的方向平行，缩小日照面积，降低水分的蒸发，以适应当地的自然环境。

桉树长得很高，据说鸟儿要是躲在树上歌唱，人在树下是很难听到声音的。即使侧耳细听，也只能听到蚊子般的嗡嗡声。

桉树由于身材庞大，每年蒸发掉的水分，据说达17万升，像一台大"抽水机"，把树下地里的大量积水抽去了，因此地面上总是干干的。在低湿地区，由于种植了这种树，使沼泽地变成干燥地，蚊子失去了滋生的环境，疟疾的传染受到阻止。人们由此叫它"防疟树"。

别看这种巨树长得这么高大，可是种子却很纤小，比芝麻还小。播种后长出苗，生长速度很快，一般10年便可成林，1公顷的桉树林在20年间就可提供800立方米的木材。

桉树木材质地致密坚重，在造船工业上是一种价值极高的木材。用桉木做木桩、电杆和路面材料，经久耐用。叶子蒸馏后，可得到"桉叶油"，具有兴奋、发汗等作用，能治感冒、疟疾、支气管炎、肺炎等病。叶中含有各种单宁，是提炼栲胶的重要原料。桉叶能分泌出一种芳香油，氧化时产生氧化氢，能使空气清新，并可驱除蚊虫，是疗养区、风景区和住宅区理想的绿化树种。

19世纪末，桉树远涉重洋来到我国落户。现在，我国引种的桉树共有70多种，主要栽培在温暖湿润的南方，以广东湛江地区为最多。桉树在我国生长良好，大有推广发展前途。

20世纪70年代以来，刚果的黑角地区1万公顷土地上，种植了几百万株桉树良种。现在，每公顷桉树林可提供40立方米木材，还可以为一个年生产能力为25万吨的纸浆厂提供原料，科学家认为，广种桉树将在林业和造纸业方面引起一场大变革。

"生命之树"——金鸡纳树

在秘鲁国徽的右上角，绘着一棵绿色的金鸡纳树，它是秘鲁民族象征之一。秘鲁的安第斯山脉是金鸡纳树的原产地。

17世纪，秘鲁首都利马，疟疾流行，威胁人们的生命。当地的印第安人有一种医治疟疾特效的树皮，叫它"生命之树"，不准对外泄露秘密，否则将遭到严惩。

1638年，曾任秘鲁总督的西班牙钦琼伯爵的夫人患上疟疾，苦无良药治愈。于是请来印第安姑娘珠玛照料。珠玛出于人道，冒死采来"生命之树"的树皮，用树皮和水煎汤，服后果然有效，药到病除。人们叫这种树"金鸡纳"，意思是战胜了疟疾。

从此，金鸡纳的特效作用就在欧洲人中传颂开来。

金鸡纳树是茜草科常绿小乔木，高约3米，新枝四方形。叶对生，椭圆状披针形或长椭圆形。夏初开花，花白色，排列成顶生或腋生的圆锥花序，蒴果椭圆形。

科学家几经研究，从树皮中提炼出了闻名世界的治疟疾特效药——金鸡纳霜。金鸡纳霜又叫奎宁，秘鲁语的意思是树皮。

一百多年前，秘鲁把金鸡纳树当做国宝，不让树种偷运出去。秘鲁政府特地颁布了禁令：如果有人把树种或树苗转让给外国人，要受到法律严厉制裁。

荷兰殖民者为了同秘鲁竞争，千方百计想把金鸡纳树种到爪哇去，先后两次派出德国植物学家哈斯卡尔潜进秘鲁去窃取树苗。

1852年，哈斯卡尔第一次从玻利维亚偷越国境，爬上安第斯山，窃取到不少树苗，由于过境手续关系，在巴拿马耽搁了半年多，树苗全部枯死了。

1854年，哈斯卡尔第二次潜入秘鲁，共偷到树苗500多株，荷兰政府特地派军舰去接应他。由于照料不好，只剩下16株活树苗，就将它们移种到爪哇岛的盖特山上。

金鸡纳树在爪哇大量插种繁殖，还是在1862年以后的事。那时候，有个英国商人雷特才尔，原侨居在南美洲，后来途经爪哇回国，听到关于金鸡纳树的故事以后，就写信给他过去的仆人印度人马努爱尔，要他尽可能设法把金鸡纳树种子寄到爪哇。马努爱尔满足了主人的请求，寄去一磅重的金鸡纳树种子。雷特才尔因此得到荷兰政府的重赏，可是马努爱尔呢，却由于违反秘鲁政府的禁令，失去了自由，一直被折磨到死。

爪哇岛附近海拔1200～2000米的热带高原，气候凉爽，雨量丰沛，适宜金鸡纳树的生长。就是这一磅种子，在爪哇岛迅速繁殖，使印度尼西亚成为世界上种植金鸡纳树最多的国家，金鸡纳霜的产量和出口量都占世界第一位，远远超过了秘鲁国。

据说，金鸡纳霜传到我国是在17世纪康熙年间，那时候，它还是很少很珍贵的药品。

1912年，我国先在台湾引种金鸡纳树；1931年，又在云南引种金鸡纳树成功。到了1953年，我国在云南建立了第一个金鸡纳农场，有了自己生产的专治疟疾的特效药——金鸡纳霜。

食虫的植物

在千姿百态的植物界中，最奇趣的要数那些能捕食昆虫的植物了。

食虫植物的外形同一般植物一样，也是有根、茎、叶和花。不同的是，这些植物的叶片逐渐演变，发展成了形形色色的奇妙的捕虫器，捕捉活的昆虫后，并能分泌消化液消化吸收，作为营养，维持生命。

食虫植物广泛分布于热带、亚热带地区，全世界共有500多种。主要分两大类：高等食虫植物和低等食虫植物（食虫真菌）。高等食虫植物有瓶子草、猪笼草、茅膏菜、狸藻等科。

猪笼草是半木本性蔓生植物，主要分布在东南亚、澳大利亚、印度东部和我国海南岛等地。猪笼草的叶子是互生的，可分为四个部分：茎部是叶柄，然后是宽大的叶片，叶片前端的中脉伸出，变成一条卷须，卷须的前端膨大成为一个捕虫袋。它形如猪笼，因此得名。捕虫袋的形状和色彩各不相同，有圆筒状的，有卵形的，也有喇叭形的。有红的、绿的、玫瑰色的，还有的镶着紫色的斑点，色彩很鲜艳。捕虫袋的上面有半开的盖子，有些在袋口附近还生有蜜腺，能发出芳香的气味，以引诱昆虫。有的捕虫袋像拇指大的小瓶子，一只只地悬挂在植株上，随风飘动；有的则完全铺在地上，专门捕捉蚂蚁。捕虫袋内壁的腺体能分泌一种粘液，里面含有酶，能分解蛋白质。老的捕虫袋不能再分泌这类酶了，只是靠粘液中的细菌来分解那些跌进"陷阱"的昆虫或其他小生物。

茅膏菜是多年生草本植物，茎高10～25厘米，直径1厘米。叶子多种多样，有圆形、半圆形、新月形和长形的。叶有长柄，叶的边缘密生着长触毛，顶端有一个粉红色的小球，球上有一层粘液。粘液是透明的，在阳光下闪闪发亮，仿佛露珠一样。人们叫它"露草"。当昆虫触及小球时就被粘住；昆虫开始挣扎，周围其他触毛也一齐弯向昆虫，同时叶片也随着卷缩，把昆虫紧紧裹在里面。

捕蝇草和狸藻是能主动捕捉昆虫的食虫植物。捕蝇草的叶子构造很奇特，叶端以中肋为界分为左右两半，像贝壳一样可以随意开合。叶片边缘生有18个刺毛，还生有蜜腺，当昆虫来到叶片上，两半片叶子就会很快闭合，叶缘的刺毛相互交错闭合，把昆虫活活关在中间。捕蝇草的捕捉器官，同时也是消化器官，虫体在里面被分解和吸收掉。

瓶子草是低矮的多年生草本植物，叶子像莲座着生，像一个个小瓶子有大有小，大的像量米的升子，像喇叭，小的像钢笔里的皮管。瓶的内壁光滑，长有蜜腺，能分泌香味，引诱虫子飞到瓶口，钻进去吃甜蜜。昆虫滑进瓶里，瓶盖很快盖上。昆虫顺着倒刺直跌到瓶底，只能进不能出，粘液把它团团围住，最后被消化和吸收掉。

食虫植物大多在陆地上设陷阱捕虫，但也有在水中设陷阱捕虫的植物，这就是狸藻。水生狸藻为一年生草本植物，叶轮生，羽状复叶。叶分裂为无数丝状的裂片，裂片基部生有球状的小囊体，这就是捕虫囊，囊的构造很巧妙，囊口有一能进不能出的膜瓣，因此，当小生物一旦误入，即无路可逃。一两天后，小生物死在囊内，接着小囊体内壁上的星状腺毛分泌消化液，将它消化吸收。最后，膜瓣打开，小囊体将其中小生物的残渣挤出，仍呈半瘪状，等待新的小生物的到来。一棵狸藻最多长有1200多个小囊，一生能吃掉十几万只小虫子。有一种大型狸藻，它的口袋甚至能捕食小鱼。

除了狸藻外，还有它的同族兄弟如捕虫堇、挖耳草、貉藻等，也是著名的食虫植物。捕虫堇叶丛生，长椭圆形，呈淡黄绿色，叶尖向外弯曲，叶缘向内卷旋，叶片肉质肥厚。叶面上有两种腺体，一种有柄腺体分泌粘液，另一种无柄腺体内分泌消化液。当昆虫飞来时，被粘液粘住，接着叶缘向内卷曲，将昆虫包住。

挖耳草的叶子生在茎下部，有的像匙形、条形，叶上长有捕虫囊。貉藻是多年生水中漂浮的植物，长6～10厘米，没有根。夏季叶腋伸出水面，昆虫飞到貉藻上，触到叶片内侧，中肋就立即卷曲，把昆虫包住。消化腺分泌出酶来，从容地消化它的"猎物"。

食虫真菌以捕食线虫、轮虫、纤毛虫、草履虫、变形虫等原生动物为生。真菌的菌丝上有一种粘液，用来粘住线虫等，这是粘捕法。真菌的菌丝先长出一短枝，它的顶端再向一边弯曲形成一个环状菌套，用它来套捕线虫等。真菌在粘住或套住线虫以后，在菌丝上长出一根细小的含有毒素的穿透枝，刺死线虫，并用它来吸食线虫体内的营养物质，最后留下的只是线虫的外壳了。

美丽的植物"杀手"

在人类社会中，那些专门从事凶杀职业的人被称为杀手。他们平时所干的种种血淋淋的勾当常使人心惊胆战，毛骨悚然。在动物的王国里，那些吃人的野兽也往往使人望而生畏，不寒而栗。

然而，你可能不会想到，在大自然的植物世界中也有凶狠残忍的杀手。不过，它们不像人类和动物中的杀手那样凶相毕露，它们往往不被人注意，甚至用假象把真面目掩盖起来，因而手段也就显得更加毒辣。你不信么？请跟我们到原始森林里去走一趟吧！

在印度西尼亚巽他群岛中的一个小岛上，有一种怪树。它叫"奠柏"，长得足有一层楼房高，却显得婀娜多姿，温文尔雅。那些又细又长又密的枝条全都无力地下垂着，像少女柔软的披发。但就是这种树，被当地的人称做森林里的"杀手"。

现在让我们看看奠柏是怎样"杀"的吧。

一头幼小无知的林麂冒冒失失地闯到了这里。它大概失去妈妈了，或者正在被什么野兽追逐逃到这里来的。也许它好久没吃过什么，肚子饿得发慌。这时，它发现了眼前这棵奠柏，心里一阵惊喜。显然，小林麂还是头一回见识这种树，它虽然高大，但枝条和叶子却很柔嫩，青翠欲滴。

小林麂馋涎直淌，它连想都没想，便张开嘴巴去咬那些鲜嫩的枝叶。

于是，悲剧发生了——当小林麂刚咬第一口，忽然，那些柔软的枝条立刻像章鱼的触角一样向它伸过来，一会儿就将它严严实实地捆扎住了，而且越捆越紧。小林麂企图挣扎，它哪里敌得住千百根变得像铁丝一般的枝条的纠缠。与此同时，这些枝条内开始分泌出一种非常粘稠的胶液，胶液越来越多。很快，小林麂就被大量的胶液浸透。胶液是有毒的，并且具有极大的腐蚀功能，小林麂蹬了几下腿，便被胶液溶化掉了！

奠柏就是凭这种本事来攫取食物求得生存的。它将溶化在胶液中的林麂一点一点地消化吸收，尽情受用。然后将那些柔弱的枝条重新垂下来，等待新的猎获物。

可是奠柏想错了。大自然中到处可见一物降一物的有趣场面。正当奠柏在尽情享受小林麂之时，一个猎人从大树的背后出现了。他走近奠柏，从身上取下一只橡皮袋，又用绳索将奠柏的那根枝条捆住扎紧，然后慢慢地，小心翼翼地将枝条上所有的胶液都收集到了那只橡皮袋里去。

原来，刚才的那只小林麂不过是这位猎人投给奠柏的诱饵。因为在平时，奠柏是不会分泌胶液的，只有在它获得猎物时，这种神奇的胶液才会大量分泌出来。而这种胶液是非常珍贵的药材和工业原料。猎人导演的这一幕正是为了获取奠柏的胶液而已。

南美洲亚马孙河流域的原始森林千百年来阒无人迹，林中到处是神秘莫测的沼泽地。这里有世界上最奇特的植物。

在一棵横卧在地上的巨大的枯树旁边，开放着一种形状奇特、色彩艳丽的花朵。花的直径约有一尺多，锯齿形花瓣围着花蕊，既像齿轮又像太阳，当地人把它叫做日轮花。日轮花的颜色耀眼夺目，一年到头盛开怒放，而且香气很浓，飘得也很远，有很强的诱惑力。它那娇艳无比的花朵盛开在一片片细长的、带有许多利刺的叶片上，像一位雍容华贵的美人的脸，在阳光下微笑着。

可是这位森林中的"美人"却有着一套非常厉害的"杀"的伎俩。它所有的装扮都是为了引诱那些喜欢沾花惹草的动物上钩的。

忽然，在一簇茂盛的羊齿植物的背后传来一阵窸窸窣窣的响动。原来是一只野兔！

亚马孙河流域的森林里得天独厚的气候条件，使这里的野兔也长得比任何地方的野兔更肥更大。它闪着一对通红的眼睛四下窥视着什么。那朵开得正艳的日轮花忽然映入它的眼睛，野兔朝它瞥了一眼。

国色天香很快使它着迷，那一阵阵沁人心脾的香气更令这只野兔神魂颠倒，它蹑手蹑足地朝日轮花靠过去。

这位"美人"大概早已知道有猎物即将上钩。花朵开得更加妩媚，花香散发得格外浓郁。野兔已完全迷醉了，要扑上去亲一亲娇艳的花朵。当它的前脚刚踏上去，忽然被一根根的什么东西绊住了，怎么也甩不开，整个身子倒了下去。

　　顷刻之间，那些带着利刺的叶片翻卷起来，将野兔的腿紧紧地挟住了！在大自然中，野兔的机警与灵敏是一般动物望尘莫及的，但此刻，它竟显得措手不及，成了日轮花的俘虏了。

　　原来，把野兔绊倒的是布在日轮花底下的一根根蜘蛛网。这些蜘蛛寄生在花下，是那位"美人"豢养的一群帮凶和刽子手。

　　日轮花从不亲手"杀人"。当野兔绊倒被它的叶片死死缠住后，从花盘底下爬出几十只鸡卵般大小的蜘蛛，棕红色的身躯。它们仿佛饿极了似的，一起朝那只野兔扑去。每只蜘蛛都从口中伸出一根约两寸长的螫针，刺入野兔的身子里，贪婪地吸吮着体内的血液，一眨眼工夫，野兔便成了一具"干尸"。那群吃饱喝足的蜘蛛，一只只都挺着大肚子，慢吞吞地爬回到花盘底下去了。

　　不过，日轮花是绝不会白白喂养这群刽子手的，而蜘蛛们也懂得投桃报李。此刻，它们正蜇伏在花盘底下对食物进行着消化工作。过不多久，蜘蛛们将从口里分泌出的许许多多粘液，通过螫针往"美人"的身上注射营养剂。它们就是这样互相依赖，互相生存的。在每一次残忍的绞杀后，日轮花越开越艳，蜘蛛也越长越肥。

"笑树"和"炸弹树"

这儿是非洲最炎热、最潮湿的地方。猛兽、蛇蝎、毒虫到处都是,甚至还有能使人丧命的植物,因而使这里成为人们不敢涉足的禁区。然而在这片热带森林里,最多的居民却是鸟。它们喜欢在这片黄色的树林里栖息。

挂在枝头上呈现出橙黄色的球状物,是即将成熟的果实,和柚子一般大,阳光下闪烁着黄色的光,几乎把林子也染黄了。

收获的季节就要开始。住在山坡上的几户土著人正在修建一条通向树林的路。

林子里一片寂静。

然而,与它毗邻的另一座森林边缘上,却十分喧嚣和混乱……

这天,黄色树林里突然传来清脆的爆炸声。一阵比一阵响亮。仿佛是此起彼伏的枪炮声和手榴弹声。

散居在四周的土著人竟一无所知,他们都在午睡。

可是当他们醒来以后,森林里又恢复了宁静,好像什么事也没发生。他们仍像以前一样无忧无虑地生活着。

这天午后,一个年轻的土著人提前醒来,拿着工具去森林开路。

走到半路上,前方的情景使他目瞪口呆——干裂的泥地上,躺着上百只热带鸟的尸体。

会不会是昨夜的一阵雷电,击毙了这群栖息在黄色树林中的居民?

年轻的土著人把鸟带回来,他要把天主赐给的礼物和邻友们分享。

过了几天,另一个土著人在黄色树林下又发现了几十只死鸟。

昨天夜里没有雷击,是谁杀害了它们?

土著人捡起了鸟。每只鸟的尖嘴几乎都被什么炸裂,沾着血。

他叫来了那个年轻土著人。他们发现,橙黄色树上的许多"柚子",也炸烂了,果皮狼藉满地。

他俩越发惊异：一定有个恶人躲在树林里，身上带着凶器，任意伤害无辜的弱者。

他俩在树林里守了一夜。结果这一夜林子里毫无动静。

他俩回去吃了早餐，又一起回到树林里，想藏在草丛里探个明白。

又是一个晴朗而又闷热的早晨。成批的热带鸟一只只飞出窠，在林间觅食、嬉戏，和以往一样活跃。

森林里一切安好如初。

然而，当太阳升到树顶，两个土著人正在回家吃午饭的时候，忽然一声剧烈的爆炸声从头顶上传来，紧接着四面八方都发出清脆的炸裂声，就像连发的机枪一样在上空开了花。

热带鸟像冰雹似地落在地上，发出扑扑的声响。

他俩抬头望去，树叶间没有凶手，也没有枪炮。只听见从头顶上传来一阵阵恐怖的狞笑声。

凶手一定还在树下！土著人端起枪，朝着发出笑声的大树放了一枪。树叶纷纷坠落，可是连个人影也没见到。

年轻的土著人带了一把匕首爬上了结满"柚子"的树。

尖厉的狞笑又从邻近的树上传来。年轻的土著人搜寻了半天，始终没有发现树上有第二个人。

这儿出现树魔了！年轻的土著人猿猴似的爬下树，他要和朋友一起进村去报告，要叫大家都来看个究竟。可现在是森林气温的最高峰，树林里闷热难当，便又打消了这个念头。

就在这时，怪事发生了：那一颗颗黄里泛红的"柚子"一个接一个地爆裂，把坚韧的果壳弹出十多米远，并发出像手榴弹爆炸似的巨响。碎裂的果壳像弹片一样具有杀伤力。

贪嘴的热带鸟，刚啄了一口，还没品尝到"柚子"汁的香甜，就被炸裂了尖嘴，或被"弹片"击中而丧命。

猛烈的爆炸震动了周围结满了铃铛似的果子的大树。树上的"铃铛"随着发出一种似笑非笑的颤动声，像魔鬼的狞笑越传越远。

年轻的土著人和他的朋友看得目瞪口呆，当他们弄明白这是怎么一回事后，又兴奋地大笑一阵。

从此，土著人把柚子树叫做"炸弹树"，把"铃铛"树叫做"笑树"。

荒漠里的仙人掌

光怪陆离而多刺的仙人掌，生命力顽强，那坚韧的性格令人吃惊。它不怕旱，也不怕热和冷，不论在贫瘠荒芜的高原上，还是在酷热干旱的沙漠地带，都能顽强地生存和繁殖。

仙人掌遍身是刺，昆虫和鸟兽没法咬食它。一片绿色的仙人掌茎，跌落地面，就能落地生根，繁育出一株小仙人掌来。秘鲁的沙漠地区，有种步行仙人掌，根是由一些软刺构成的，风吹着它一步步向前移动，一路上探索着水分和养料，遇到适宜的地方，就安家落户了。这种多刺的植物居然绽开出了各种鲜艳、美丽的花朵，人们誉它为"沙漠英雄花"。

仙人掌科植物，全世界约有2000多种，而墨西哥就有1000种左右，其中200多种是墨西哥特有的。人们把墨西哥称为"仙人掌王国"。

墨西哥人民把仙人掌作为祖国美好秀丽、常青不衰的象征。在墨西哥的国旗、国徽和货币上，都描绘着一只矫健的雄鹰叼着一条蛇，一只爪抓住蛇身，傲踞在一个仙人掌组成的花环上。

这起源于墨西哥城的古老传说。据传，当地的阿兹台克人得到神的启示，在鹰叼着蛇站在仙人掌上的地方定居下来，民族一定会得到兴旺。以后，他们来到一个蓝色的咸水湖，湖中的一块褐色岩石上长着一棵绿色仙人掌，仙人掌上果然停着一只雄鹰，嘴里叼着一条扭动的蛇。于是，他们便在这里定居下来，建筑了城堡，后来就发展成为墨西哥城。

另一个有关仙人掌的故事：很久以前，墨西哥遭受异族入侵。一位母亲被害，儿子为报母仇，同入侵者英勇搏斗，不幸被停。入侵者挖出了他的心，掷在地上。不久，这颗红心长出了仙人掌。故事中的母亲显然是祖国的象征，仙人掌则是英雄坚贞不屈的象征。

墨西哥真不愧为仙人掌的故乡！在那里漫山遍野都有仙人掌的踪影。仙人掌中的巨人——仙人柱，是墨西哥所特有的，有的高达17米，直径

60～70厘米，重达上万公斤。有的长成球形，叫仙人球，直径可达2～3米，重达数千公斤。有的长得像鞭子、棍子，叫仙人鞭、仙人棒。

仙人掌类植物的花，也是千姿百态、绚丽多彩的。花形大多呈喇叭状，花头比较大。红如杜鹃，黄如金菊，紫赛浓霞，白似白玉。花朵有大有小，大的可达20厘米，一般都在夜间开放，花的寿命很短，中美洲热带丛林中的量天尺，开的白色大花，长达30～40厘米。南美洲有一种大花蛇鞭，夜间开花，花纯白或稍带黄色，有清香，花冠直径竟达60多厘米，它在月晓风清的夜晚，显得更加窈窕，有"月夜皇后"的美誉。

仙人掌可以美化环境。在仙人掌之国，不论大街小巷、公园和公共场所，到处都有仙人掌点缀着，供人观赏。仙人掌还广泛布于南美洲、太平洋和地中海沿海等地区。

仙人掌在墨西哥的历史上有重要的社会和宗教地位。有的仙人掌被视为神明来膜拜，有的被作为避邪的"神木"，有的则被用作治疗的妙药。仙人掌可入药，有行气活血、清热解毒的功能，可治胃气病、痢疾、喉病、烫伤、蛇伤等，近年来发现，它还有利尿作用，是肾炎、糖尿病人的理想的食物，治疗癌症也有效果。

墨西哥市内许多宅院和公园的围墙由仙人掌簇生而成。仙人掌肥厚的肉质茎是墨西哥人喜食的蔬菜。仙人掌的果实加工成点心，常作为敬客的佳品。有种新培育的仙人掌果实——刺梨，重400克左右，味甜汁多，可同西瓜媲美。茎可做猪、牛的饲料，提炼胶水，造纸和编织工艺品。

仙人掌全身都是宝。

"胎生植物"——红树

  热带和亚热带的美洲、亚洲（如我国的南海之滨）、非洲、大洋洲沿海，随着潮汐的涨落变化，人们可以看到一片浩瀚的沧海桑田的奇观：潮来时，仿佛是海上的一片片绿洲；潮退时，又像是一片稠密的森林。

  这就是沿海地区特有的红树林。红树林带的成员很多，主要的是红树，此外还有红茄冬、秋茄冬、海莲、木榄、海桑和角果木等20多种常绿灌木、乔木等组成。它们的叶子都是深绿色的，由于树皮和木材中含有鞣质，制成的染料是红色，因此把它们统称为红树林。

  红树在春、秋季开花，结的果很多，像棍棒似地倒挂在树枝上。当小树从果实中钻出来并长成幼苗，它还像"胎儿"那样吸取母树的营养。当小树长到30厘米高时，便落到海滩泥地里，几小时后就生出根来。小树的生命力很强，有时被风吹送数百千米外，只要漂流到海滩上面，仍能扎根成长。一棵红树一年内至少要繁殖出几百棵小树来。

  红树长有两种根。一种根是从树干下半部长出来的，有10多条，深深扎根于淤泥中，使树能立得稳，这叫支柱根。另一种根是从树干上长出来，同样往泥土中深扎，根里有一种特别的通气组织，这叫呼吸根。

  红树科的秋茄树也要经过开花、传粉、受精，然后形成种子。种子成熟后，几乎没有休眠期，就在果实中开始萌发，形成一个尖尖的棒状体，好像一个荚果挂在枝条上。秋茄树的子叶是完全合生的，又分化为子叶吸器和子叶筒两部分，从母体中吸收营养物质。当幼苗长到30厘米时，从子叶节处脱落，离开母亲"分娩"了。

  海桑的根生得更巧妙了。它另有一种特殊的根，从地下根部长出来，穿过淤泥，冒出地面像一根根细木桩，多到一百几十根，满布海桑树的四周。这种根长得很特别，构造也奇特，质地疏松，仿佛泡沫塑料那样，外表和内部的洞孔相互连通，使空气能够上下、里外流通，保证地下根呼吸通畅，不至于在缺氧的污泥中闷死。

胎生植物为什么要"胎生"呢？原来，海滩边的红树林，环境很特殊，大风、海浪、海水盐分、淤泥等都在影响它们的生存和繁殖，必须形成一些特殊的气根和胎生来适应繁衍后代。这是一些植物在特殊的生态环境中经过长期自然选择的结果。

胎生植物除了红树科植物外，还有马鞭草科的红梅榄、紫金牛科的桐花树等。此外，天南星科的纤毛隐棒花、葫芦科的佛手瓜、景天科的落地生根、茜草科的蔓九节等也都是胎生植物。

红树林是海岸卫士

红树林是热带灌丛式的植被类型，通常由常绿的乔木或灌木组成。构成红树林的植物比较单纯，有红树、红茄冬、木榄等种，以及马鞭草科、海桑科等30余种。红树林分布很广，新旧大陆都有分布，在赤道附近生长最好，并向北向南延伸。全世界红树林有两个分布中心：（1）东方红树群落，种类较多，达20余种，东南亚和马来西亚为中心，并向东向西延伸；（2）西方红树群落，种类极少，仅4种，分布在热带美洲的东西海岸，北达美国的佛罗里达半岛，南至巴西，经印度洋至非洲西海岸。

我国的红树林属东方红树群落，以海南岛生长最为茂盛，向北自广东的雷州半岛、阳江、海丰、吕山、汕头一直延伸到福建北部的海岸，广西南海岸也有少量红树林分布，台湾、香港等地也有红树林生长。

由于红树林生长在特殊的环境中，在长期的自然选择过程中，它们在形态上、生理上都具有特殊的结构与功能，在形态上较为突出的特征是具有发达的支持根、板根和呼吸根，例如红树在树干基部长出许多弓状弯曲，插入土中的支持根，组成一个稳固的支架，而木榄、海莲等的树干基部膨大、增高呈板状，突出在地面成板根，借此，植株呈锥形，基部扩大，从而能免抵抗风浪的冲击。又如海榄雌、海桑等具有突出地面呈膝状或葡萄状的呼吸根外表常具有粗大的气孔，利于气体交换，内部具有发达的海绵状通气组织，可以贮存空气，使其适应被涨潮浸淹而缺乏空气的生存环境。

同时，红树林的叶子常具有和其他盐生植物共同具有的生理干旱的形态结构，叶子革质、表面光滑，有利于反射热带海岸强烈阳光的照射，并还具有能排出体内过多盐分的分泌腺体。

红树林的生长，可以防护海岸免受海水和风暴的侵蚀，是很好的"海岸卫士"。

　　同时，它也是"陆地建造者"。红树林不断生长繁殖，促使海岸扩展，形成新的陆地，因而也是调节海湾河口生态平衡的重要因素。

　　为此，不仅应当大力加以保护，而且应当在适宜生长红树林的地方，大力营造红树林。

　　这种植物木材坚硬，可以作材用或薪炭用，根和根皮含有丰富的单宁，可以提取栲胶，供制革、染制渔网等用；果木可供药用；果实及幼苗还可食用。

　　红树林也是动物最好的栖息场所，如深圳福田红树林有白鹭、池鹭、斑嘴鸭等百余种鸟类和30余种蟹等无脊椎动物栖息，因此，深圳市政府在深圳湾的"绿腰带"已建立了"深圳福田红树林鸟类保护区"，加以保护。

◎ 植物旅行 ◎

地球和地球上的万物，都处在矛盾和变化之中，在常人看来"不能够动"的植物，却能飘洋过海，翻山越岭。

地理的变迁、气象的变幻、动物和人类的活动，给植物的"免费旅行"提供了方便。

荒岛如何变绿洲

先让我们一起回到1883年。那年东印度群岛爪哇附近的火山岛——克拉卡托岛火山爆发后，岛上一片荒芜，所有的生物都被毁灭了，而离该岛最近的有生物的小岛却在40公里之外。

以后的情况出乎人们的意料，不到半个世纪，岛上已有低等却很茂盛的森林了。这过程中到底发生了什么变化？幸好一位有心的植物学家揭开了这个谜底。他作了认真仔细的观察后发现：火山爆发后九个月，只见一个蜘蛛在独自织网，可未发现有可以捕食的生物；三年之后，情况发生显著变化，岛上已出现11种蕨类植物和15种显花植物；十年后幼小的椰子树沿岸生长，野生甘蔗到处可见，兰花也有4种之多；25年以后，有263种动物在岛上居住，包括昆虫、鸟及陆生蜗牛等；不到半个世纪，岛上基本上已是郁郁葱葱了。

岛上的植物从何处而来？天上掉下来的？不错，有一部分确实是风吹到岛上的，这些植物的种子或孢子很轻，有的种子上还附生有毛、翅等，如蕨类植物、兰花等。那位植物学家发现岛上32%的植物是由风吹来的。另外大约8%的植物是由鸟类、昆虫及会游泳的动物及人类带来的。其余约60%的植物则是从海上漂浮而来，如椰子、甘蔗等。

从这则荒岛变绿洲的小故事中不难看出植物是如何旅行的了。除了人为的传播如飞机播种、人工种植等之外，自然界中植物的传播大致和这则小故事中的情况类同。我们知道，孢子植物可以通过孢子来繁衍后代，种子植物中，除一部分植物常以营养体进行传播并繁衍外，所有的种子植物都可以通过果实和种子来传播。从果实和种子的关系来说，种子是新一代植物体的雏形，而种子外面的果实则起着保护、供应营养、利于传播等作用。所以，果实和种子的传播问题，实质上是种子通过各种方式的传播，为植物体繁衍后代。

"免费旅行"和"自费旅行"

多数植物的果实和种子是借助于风力进行传播的，它们一般细小质轻，能悬浮在空气中被风吹送到远方。如兰科绒叶斑叶兰的种子只有五千分之一毫克，稍一有风，便高高飞起。

有些植物的果实还具专门的附属器官，如蒲公英的连萼瘦果上有长长的喙，喙的顶端长了一圈冠毛，风吹时，它们便像降落伞一般轻盈地飞舞，随风漂到远方（如棉和柳）。它们还有羽毛状的缩存柱头（如毛茛科的白头翁）、翅果（如槭树科、榆树科）等，这些结构自然都十分适合于风力传播。

在风力传播类型中，最为有趣的也许是风滚草类型了，这类植物只有在草原和荒漠上才常见。风滚草类型的植物通常有许多分枝，当种子成熟时，植株基部容易断裂，有时甚至连根拔起，劲风一吹，植株犹如圆球般随风滚动，细小的种子乘机到处散落，如沙拐枣、无翅猪毛菜、丝石竹等。

生长在水生环境和沼泽地的植物，它们往往借水力来进行传播，江河、湖泊乃至汹涌的大海都有可能成为果实传播的媒介。

据统计，能漂泊过海的果实就有100多种，其中最有名的要算椰子树了。

克拉长托岛火山爆发十年后，沿火山岛的椰子树显然是通过海水而传播的。椰果中的果皮疏松，富有纤维，其内、外果皮又较坚硬，这些都可以防止水分侵蚀并使其在水中漂浮。此外，椰果内还有大量椰汁，供种子发育。

因此，全世界的热带海岸均有椰子树生长，成为热带海岸风光的景观之一。椰子的果实也很特殊，其倒圆锥形的膨大花托称为莲蓬，组织疏松，极适于水中漂浮。

对于动物和人类为植物传播种子，有人曾形象地称之为"动物帮忙，免费旅行"。事实上，许多植物的果实表面具刺（如鬼针草）、倒钩（如苍耳）或粘液等，它们易依附于动物的羽毛或人们的衣裤等处，不知不觉中被带到了远方，有时甚至漂洋过海，如菊科豨莶，它的缩存苞片上密被腺毛，能分泌粘液，连同果实粘到动物或人们身上后就很难除去。

俄国的克里木半岛，原来没有豨莶，后来长满了这种草，1828年俄国骑兵从这半岛上经过，马尾上附着许多豨莶果实，随后传至拉脱维亚，后来又传到匈牙利、奥地利、法国乃至美国、南美洲和澳大利亚，前后只用了60年左右的时间。

19世纪末，澳大利亚的豨莶广泛蔓延，泛滥成灾，致使羊身上粘满了豨莶的果实，造成羊毛质量大大下降。近年来一些原产北美的恶性杂草如加拿大一枝黄花、豚草等在我国的广泛传播，也有类似的原因。

豨莶等的果实传播是"免费"的，有的植物则往往给传播的动物以一定的报酬，有时甚至颇为丰厚。

如山上野生的茅栗、锥果等壳斗科植物的坚果常成为松鼠等啮齿动物的美餐，它们常常把果实搬运至洞穴内，除一部分被啮食外，残留的坚果就可能生根发芽。其他如鸟、蝙蝠、蚂蚁乃至人类，都会在饮餐中同时成为义务散布果实的一员。

许多果实成熟时都能借助于自身的结构而巧妙地将种子散布出去。如常见的豆科、十字花科的果实，它们成熟时往往噼啪作响，借果实的开裂将种子弹射出去。

另有一种我们较为陌生的植物喷瓜，产于东亚地区，它的种子快成熟时，种子周围的组织都粘化，同时果实和果梗的联系变弱，在果实脱离果梗的瞬间，果皮立即收缩，粘液裹着种子一起从果梗处喷射出去，竟达5～6米。不过，你若有机会欣赏喷瓜绝技时，千万留意，别让它射进眼中，因其种子外的粘液有毒。

其实，弹射和喷射都不算奇，美洲产的虎粒成熟时竟能轰然炸裂，飞出的种子常炸伤树上的鸟类。

美洲的跳豆更绝了，它的部分种子成熟时竟能跳动，当然，跳豆本身不会跳动，这是由于跳豆种子中一种昆虫的幼体在跳动。

此外，禾本科针茅属的颖果，牛儿苗科的部分果实能自动钻入土中，也算得上是少见的现象了。

"花的媒人"种种

绚丽多彩的鲜花历来为人们所赏识。我国有一出颇有影响的戏剧《花为媒》，说的是鲜花促成了一对恋人的美满婚姻。事实上，洁白的百合花、神秘的康乃馨等多少都与爱情这个主题有关。花儿为人作媒，那么，谁又为花儿作媒呢？也就是谁成了花儿传粉的媒介呢？昆虫和风是众所周知的花的媒人，这里不再赘述，只介绍几种较为少见的传粉媒介：水、鸟、蝙蝠等。

我们知道，在江河湖泊乃至广阔无际的大海中，水生被子植物常以无性繁殖进行传宗接代，即以断枝或无性繁殖芽等形式进行繁殖。但它们有时也进行有性繁殖，而且往往十分有特色，其传粉方式主要有两种：水面传粉和水中传粉。

川蔓藻科、水鳖科及水马齿科的多数种类都在水面上进行传粉。较为突出的例子为水鳖科的苦草。

苦草又称鞭子草或扁担草，原产亚洲，我国的江湖流域中亦较常见。它是一种沉水无茎草本，其丛生的叶子长可达2米，而宽只有5～10毫米。雌雄异株，扎根于水底淤泥中。当雄花成熟时，在中午阳光下，无数小花（雄花）从佛焰苞释放出来，像小小的气球一直升到水面，萼片稍稍破裂，其中两片萼片反折成小舵状，第三片萼片则卷曲成帆形，使雄花扬帆使舵去寻找露出水面的雌花。

其实，当雄花浮出水面并开放之时，原来卷曲状的雌花花柄迅速伸长，将雌花顶出了水面。雄花的花粉具粘性，而雌花的柱头呈流苏状，故很容易借助于水的流动而达到传粉的目的。授粉后，雌花又借螺旋状的柄收缩而被拉回水下，果实在离河底不远的水中成熟。

另一类水媒传粉则在水中进行。1826年一位法国植物学家在西澳大利亚鲨鱼湾首次作了观察。他注意到，茨藻科的特异丝状花粉像棉絮一样，以一条条"长绳子"散布在海水中，寻找躲躲闪闪的雌花。他说有一种植物的花粉甚至可达5毫米之长。这些能弯曲的细长的花粉粒的比重和海水差不多，所以，在海水中很容易和雌花中光滑而具粘性的柱头相遇。

另外，茨藻属的一些雌雄同株类，雄花常位于雌花上方，由于其花粉含丰富的淀粉，比水的比重大而下沉，散落到位于下方的成熟柱头而受精。

领略了一番水媒传粉的景观以后，让我们再来看看热带丛林中的传粉方式。热带丛林中由于枝叶较密，风力较小，故虫媒花的数量占一定优势。值得注意的是，有时鸟类、蝙蝠及一些其它的草食性小哺乳动物也把花粉和花蜜当做主要食物，从而充当了传粉者的角色。

蜂鸟、太阳鸟等体积小如蜂、蝶类的小鸟经常成为花粉的携带者，它们在偷吃花蜜或花粉时，头部及身体的羽毛常粘满了花粉。这些小鸟的最大特点是能靠翅膀的高速扇动（有时可达50次／秒）而停留在空中，它们在花间或停或飞，犹如蜻蜓一般，非常灵活。另外，它们的喙特别长，舌头亦高度特化，有的呈长吸管状，以利于插入花中像唧筒一样吸取花蜜，有的舌头两侧呈毛刷状，如毛刷舌蜂蜜鹦鹉（又称小鹦鹉），有利于获得花粉。

花儿和鸟儿密切配合，相映成趣。有的花甚至为辛苦的鸟儿准备了"降落台"，如极乐鸟花属的花瓣前方成了蜂鸟着落的地方。鸟儿的压力使花瓣分开，暴露出的花蕊与来访者嘴的下表面接触而散出花粉。当蜂鸟拜访另一朵花时，经历同样的过程而可能实现异花传粉。

由于鸟儿的胃口较大，有的花为此专门贮备了大量的花蜜，如生长在热带美洲和西印度的蜜囊花属的某些种类。常见的鸟媒传粉的植物还有：壳斗科的绢毛栎属，山龙眼的银桦属，锦葵科的木槿属等的部分种类。一般说来，鸟媒传粉的花大多较大而健壮，有的还须忍受鸟嘴刺穿花蕊吸蜜所造成的创伤。另外，鸟媒花的颜色通常较为鲜艳醒目，这些特点都有利于鸟儿传粉。

色彩各异的鸟儿白天穿梭于林中，晚上大多都休息了。而有的花偏偏晚上开放，它们往往散发出一种类似丁酸的气味，据说和蝙蝠本身的气味很相似，从而吸引了蝙蝠。我们知道，蝙蝠是一类具有飞翔能力的哺乳动物，它们通常以植物的果实、种子或昆虫等为食物，以花粉或花蜜为食的种类是很少的。1892年，一位植物学家在印度尼西亚的植物园首次观察到了蝙蝠的嘴和舌特别长而尖，而相应的花则往往有较长的花梗，花粉产量也较高。如芭蕉属、猴面包属、榴莲属等。

除了蝙蝠，许多小型的草食性哺乳动物也能吃花粉。只是这些哺乳动物的食量更大，有的甚至吃多汁的苞片，如夏威夷夜鼠。在澳大利亚，有一些树栖型的袋鼠也经常偷吃树上的花蜜。

可见，花的"媒人"确实很多，不同种类的花具有不同乃至专一的传粉媒介。在绝大多数情况下，花的这些媒介都导致了异花传粉，即一朵花的花粉被传至同株或不同株的另一朵花上。

异花传粉具有极重要的生物学意义，它提高了后代生活力和对环境的适应能力，对生物的进化是有益的。另外，无论是风、水，还是昆虫、鸟、蝙蝠等，它们的传粉活动都是无意识的，多出于本能，因而较易受外界环境的影响，如温度过热或过冷、风力过大或无风，都会使传粉成功率下降，对农作物来说，则直接影响其产量。因此，在实际工作中，人们常常用人工授粉的方法来弥补不足。如在一般栽培的条件下，玉米都是雄蕊先熟，到雌蕊成熟时，往往因得不到及时传粉而导致缺粒、秃顶等现象，人工辅助授粉可使其产量提高8～10%。不过，这样一来。人也成了花的"月下老人"了。

解开"黄雨"之谜

　　1976年秋，在唐山大地震后一月余，我国江苏北部的如皋、靖江、海安、泰兴、东台以及长江以南的沙洲县等地相继出现奇怪的蜡状黄色的雨点——"黄雨"。当地人民议论纷纷，或传为是地震的先兆，居民离家出走，田野到处见有简陋的棚屋；或认为是敌人空投的毒物，当地居民不敢饮水……，众说纷纭，人心动荡，社会不宁。

　　南京地质大队得知消息后，立即分赴现场，了解情况，采集样品，南京大学地质系对采集的"黄雨"样品进行分析鉴定，结果认为："黄雨"主要由现代植物的花粉组成，并伴有少量藻、菌植物体。为了揭开"黄雨"成因的秘密，还其庐山真面目，南京大学地质系专家组来到现场，进行详尽的调查研究，结合室内分析结果，提出了"黄雨"的蜜蜂粪便说。

　　据调查，"黄雨"降落的特点是时间集中，分布空间狭小。例如：海安、靖江等地"黄雨"降落时间在当年的8月30日至9月22日之间，"黄雨"降落时呈液状或糊状，细而长，常呈一节节的，直接降落在植物叶子、屋顶或田地上。降落在地面上，呈半瓣黄豆状，淡黄色或褐黄色；若降落在斜面上，则呈蠕虫状，可看到由高往低流动的痕迹。粘结不紧，用手捻之，即成粉状。"黄雨"降落时间很短，一般持续数分钟至十几分钟，且空间分布局限，仅几亩到上百亩。"黄雨"滴落地表的密度也很小，每平方米几个到十几个，个别地方达160余个，从气象资料来看，降落"黄雨"时的天气无明显异常，一般为多云到少云；时间以中午和下午居多。

　　苏北"黄雨"样品经处理，显微镜镜检和统计，其中榆属花粉占83%，禾本科花粉占11.8%，菊科花粉占3%，其他藜科、菊科蒿属、龙胆科菜属花粉各占0.4%，伞形科、唇形科、八角枫科、含羞草科及未鉴定的三孔沟花粉各占2%。此外，还有少量的藻、菌植物体。

从"黄雨"样品分析结果可以看出：花粉种类比较单一，其中榆属花粉占绝对优势，草本植物花粉含量不多，以禾本科为主，其次为菊科花粉，未见到裸子植物花粉和蕨类植物孢子。基于上述特点，查阅榆科的有关文献，指出榆属为北半球分布很广的木本植物，国产有10种，苏北地区仅2种，它们是白榆和榔榆。两者在我国分布都很广，但开花期是不同的，白榆于早春开花，而榔榆则在秋季开花。苏北"黄雨"中发现的榆树花粉究竟是哪一种呢？这是一个必须弄清的问题，对照白榆榔榆原植物的花粉制片，发现不论花粉大小、外壁纹饰，或是萌发孔的形态特征，都与榔榆花粉完全一致，肯定是榔榆的花粉。由此，可以推测在"黄雨"分布范围内或其邻近地区一定有正在开花的榔榆林存在。另外，"黄雨"样品中还含有禾本科、菊科等多种植物花粉，这些花粉大体上反映了当地秋季开花植物的种类。因此，可以肯定认为："黄雨"的物质组成来自当地开花植物的花粉。

"黄雨"组成的谜底揭开了，但这些花粉又怎么会变成从天而降的"黄雨"呢？

原来，榔榆、禾本科、菊科等花粉都是秋季重要的蜜、粉源植物，为蜜蜂所喜食；但花粉粒都具有2层细胞壁，其中外壁质地坚固、耐高温、耐酸碱，很少为蜜蜂的消化道和消化液所破坏。更有意义的是，在"黄雨"样品中还发现少量衣藻属等水生藻类及水生植物——菜的花粉，这些藻类及菜花粉都是蜜蜂在水边取水时进入体内后混入了排泄物。

研究证明："黄雨"的形成与蜜蜂的活动有关，是蜜蜂飞翔时排泄的粪便。

为了进一步证实"黄雨"的蜜蜂粪便说，将"黄雨"样品和蜜蜂的粪便及采粉蜂"花粉篮"中的花粉团进行对比观察，发现花粉团中有99%以上的花粉是完整的，而"黄雨"样品中的花粉有12.6%遭到不同程度的机械破损，蜜蜂粪便中的花粉也有12.1%遭到机构破损；另外，"黄雨"和蜜蜂粪便粒的坚实度、清洁度等都很相似，而和花粉团显然不同，因此"黄雨"蜜蜂粪便说是肯定无疑的。

"黄雨"之谜终于真相大白了，但有关"黄雨"的故事还没有讲完。无独有偶，1981年，东南亚各国相继发现"黄雨"。关于"黄雨"的成因引起美国等学术界的关注，通过多年的争论，直到20世纪80年代后期，

"黄雨"蜜蜂粪便说获胜，争论才告结束。

值得骄傲的是，我国学者早于国外5年（1977年）之久，对"黄雨"的成因——蜜蜂粪便说作出了肯定的结论，并于1981年后才被英美学者获悉，得到国内外专家的一致公认。为中国科学界争了气，为祖国赢得了荣誉。

鹅掌楸跨跃的白令海峡

在自然界，植物的分布往往存在着一个奇怪的现象。许多植物虽然是同一个种，却往往分布在相距非常遥远的两个或两上以上的地方。这种现象曾经令植物学家百思不得其解。因为，用现在的环境条件是无法解释植物分布的这种奇特现象的。

鹅掌楸是种子植物木兰科鹅掌楸属的一种落叶大乔木，高达40余米，生长在我国长江流域及其以南地区的常绿或落叶阔叶林中。它的叶形非常奇特，好似我国清朝男子所穿的马褂，故又称为"马褂木"。

初夏开花，两性花带黄绿色，大而美丽，单生于枝上。每到秋天落叶时，叶色金黄，在微风中婆娑起舞，煞是好看。由于它的花、叶观赏价值高，因此，还是著名的风景庭园树种。

鹅掌楸属植物全世界只有两种，鹅掌楸唯一的"兄弟"是分布在遥远的太平洋彼岸，北美东部的北美鹅掌楸。北美鹅掌楸生长在混交的阔叶林中，比美国东部其他阔叶乔木要高大。其直径常超过2米，高60米。叶片每侧有2-4裂，顶端平截或具宽缺刻，入秋时变成金黄色。花大，黄绿色，萼片3枚，鲜绿色，花瓣6枚，基部为橙色。由于其花似郁金香，因此北美鹅掌楸的英文名字意为"郁金香树"，观赏价值也很高。

鹅掌楸和北美鹅掌楸为什么会分布在相距遥远的太平洋两岸呢？

类似的情况还有不少：一些植物的种或属一方面分布于北极地区，另一方面又分布于温带的高山地区。比如高山唐松草，它分布于北极，向南分布可到达我国西南山区；罗蒂草分布于北极和欧亚高山，在我国云南等地却也有分布。

从现代生态条件的角度看，植物是没有这种从北极地区分布到温带高山地区的巨大的迁移能力的。

对植物分布的这种奇怪现象的解释必须追溯地球的地质历史，要从古气候、古地理的角度来考察植物在地质历史时期的分布。

一般而言，植物的分布是逐步扩大自己的生存范围。因此，植物的分布通常是一个连续分布区。植物是在这个连续分布区中的适宜地点中生存。一种植物适应力越强，它分布的范围也就越广，像芦苇和车前草就能遍布世界各地。而一些生态幅不广的植物，当它们在扩大自己的分布范围时，遇到了像高山、沙漠、大海或河流等难以克服的自然障碍时，便停止扩大分布，形成了植物分布区的边界。

在漫长的地质年代中，如果植物的连续分布区中发生了巨大的地质、地理变迁，产生了新的不可逾越的地理障碍时，这就使植物的连续分布区变为间断的分布区，从而导致了植物的间断分布。

像鹅掌楸等在北美东部和亚洲东部的分布模式被称为东亚—北美间断分布；而高山唐松草和罗蒂草等的分布模式则被称为北极—高山间断分布。这些间断分布可以从地质历史的变迁来说明原因。同时，植物的这些间断分布也为研究地质历史的变化提供了依据。

东亚—北美的间断分布最早是由美国植物学者阿瑟·格雷于1846年提出来的。他阐述了这两个植物区系的关系，以后又进行了更详细的研究，并指出在今日的白令海峡可能存在假定的陆桥。

东亚和北美拥有155个共有属，其中17属两地各有一种。如鹅掌楸属、肥皂莱属、紫葳属、三白草属和莲属等；其他属如檫木属，中国有2种，北美有1种；梓树属中国有5种，北美有2种；山核桃属中国有1种，北美有20种；金缕梅属中国有1种，北美有3种；八角属中国有6种，北美有2种等等。

现在的研究表明，位于欧亚大陆和北美大陆之间的宽达84公里的白令海峡地区，在地质历史时期中曾数次成为陆地。在第三纪（距今6500万年前开始）的前期，白令海峡地区气候温和，是森林遍布的陆桥，连接着亚美两洲。像中国东部常见的栎、胡桃、水青冈、榆、槭、枫香、悬铃木等阔叶树借此东西交流，互为传播。

到了晚第三纪时，由于气候变冷，植物的交流才被迫中断，但中新世末出现的耐冷的落叶松、云杉、冷杉、松、铁杉、桦、杨、柳和赤杨等植物却仍可继续自由传播。其后，由于构造运动，陆桥下沉消失，形成了白令海峡。

到了第四纪大冰期时，由于冰期时大量的海水变成固体的冰川，因此海平面下降，称为海退。而在间冰期时，固体的冰川又融化成海水，海平面上升，称为海浸。在冰期中，海平面下降曾达100～160米，这时，沉没于海中的白令陆桥又露出在水面之上，而在间冰期又被淹没，前后约有3～6次的出没，使亚洲和北美两地的植物断断续续地保持着交流。到大冰期结束以后，北美和欧亚大陆的植物交流才彻底中断。

由于地质年代中白令陆桥的存在，使我们有理由相信，鹅掌楸属植物曾遍布亚洲和北美大陆。但为什么它们现在仅分布在东亚的南部和北美的东部呢？

当第四纪大冰川由北向南横扫欧亚大陆和北美大陆的北部时，造成了大量植物的灭绝。一些植物在生存竞争中逐步南迁，东亚的许多植物向南退守到中国长江以南的崇山峻岭中；而北美的一部分植物则退守到位于东部的地质历史古老、地形复杂、面积广大的阿巴拉契亚山地。

阿巴拉契亚山脉是北美洲东部的巨大山系，呈北东—南西走向，从加拿大魁北克省，到美国的阿拉巴马州，全长1900公里，平均海拔1500～2000米，森林茂密，气候类似于中国中部的湖北、四川和陕西南部等地。当大规模冰川横扫之时，一些植物纷纷"躲"进了阿巴拉契亚山脉这一"避难所"。

当冰期结束时，除了阿巴拉契亚山脉，许多第三纪植物在其他地方已经渺无踪迹，因此就形成了奇特的东亚——北美洲际间断分布模式。鹅掌楸幸存了下来，而水杉、银杉和银杏等第三纪植物则没有这么好的运气，从此这些植物在北美大陆销声匿迹。由于长期的地理隔离，鹅掌楸也出现了分化，变为如今的两个亲缘关系很近的不同种，即鹅掌楸和北美鹅掌楸。

在冰川期，北方的植物随着冰川自北向南的推进而向南方迁移；到了间冰期，这些植物一部分随着冰川的退缩又重返北极，而另一部分由于不适应当地的温暖气候，便退居到高山地区。植物的这种运动迁移与冰川的进退相一致，经过数次冰期和间冰期的交替，许多植物逐步形成了第四纪冰期结束以后的北极——高山间断分布模式，分别生长在相隔遥远的北极和高山地区。

板块运动和植物迁移

　　除了用第四纪冰期理论和陆桥学说来解释植物的间断分布外，20世纪60年代以来，板块构造理论的发展为进一步阐明地球上植物的洲际间断分布提供了依据。

　　今天，北美洲和南美洲是相连在一起的。可是，它们的植物差别却非常大，过去很多植物学家对此也是非常疑惑，现在用板块构造理论来说明就不奇怪了。

　　北美洲和南美洲的来源是不一样的，北美大陆曾是地球北部的劳亚古陆的一部分，因此，它和欧亚两洲的植物有较大的相似性。而南美大陆是从南方的冈瓦纳古陆中分离出来的，因此，尽管由于板块的移动而使南美大陆同北美大陆相连，但在植物区系上，南美洲更类似于相隔大洋千万里的澳洲和非洲。

　　不过，也有一些植物间断分布于北美洲和南美洲之间。如瓶子草科有三个亲缘相近的属，即加洲瓶子草属、瓶子草属和圭亚那瓶子草属。它们分别分布在相隔很远的北美西部、北美东部和南美圭亚那等地。

　　这种间断分布是在南美洲和北美洲相连以后，在冰期植物被迫南迁时，遇到中美洲地峡这一不利环境，只有少数的植物越过了地峡，到达南美洲，而其他的则被阻滞。植物的这种迁移，称之为"过滤式迁移"。因此，瓶子草科的植物借此到达了南美，以后又分化成了圭亚那瓶子草属。

　　所以，植物的分布不仅要看今天的生态环境条件，还要考察地质时期的环境变迁。只有这样，才能更好地解释植物分布中的许多奇特的现象。反之，植物的分布也像一面自然历史的镜子，映照出地质历史的变迁。

"狐狸的果子"——番茄

　　1492年，哥伦布登上了西印度群岛，他此行的目的原是为了寻找一条通向亚洲印度的航程。谁知却因此而发现了先前西方人闻所未闻的美洲"新大陆"。以后西班牙人、葡萄牙人纷纷来到美洲，或是寻找金子，或是探寻宝藏，人们也看到了当地土著印第安人栽培了不少奇特的植物，便在好奇之余，把这些栽培植物带到了欧洲，在世界各地广为传播。这些植物中最著名的当属人们现在日常生活所不可缺少的番茄（西红柿）、玉米（玉蜀黍）、番薯（红薯）、烟草、向日葵和马铃薯（土豆）等。

　　番茄是茄科植物，果实形状若柿，颜色鲜红，因此也称为西红柿、洋柿子和红茄。番茄原产于南美洲安第斯山区，印第安人很早就将它们作为食用植物而在秘鲁和墨西哥等地栽培。1554年葡萄牙殖民者来到墨西哥，发现这是一种与众不同的植物，便将其作为奇花异草带回欧洲作观赏用。由此番茄才为世人所认识，植物学辞典也收入了这种植物。

　　当时人们不太敢接近它，因为最初它全身长满了密密的茸毛，并且汁液有一种怪味，人们把番茄与同为茄科的有毒植物颠茄和曼陀罗联系起来，因此视番茄为毒果。希腊人当时称它为"狐狸的果子"。

　　直到18世纪末，有一个意大利人才"冒着生命危险"食用了番茄。当时由于害怕中毒，人们常将番茄与具解毒作用的大蒜一起食用。1820年，美国人罗伯特·吉本·约翰逊在新泽西州的萨勒姆市政当局办公楼前，公开表演了吃番茄，赢得众人的喝采。

　　意大利人首先认识到番茄是一种非常有价值的食用植物，于是番茄被冠之以"金苹果"和"爱情果"而加以推广。终于番茄又从意大利走向世界各国。就连当时闭关自守的中国，也在清朝末年引进了番茄。番茄在当今社会已成为人们最主要的蔬菜之一，全世界的番茄品种已达四千多种。番茄从毒果到佳蔬，反映了人们对于一种植物曲折而又有趣的认识过程，要真正了解一种植物是多么不易啊！

原产美洲的玉米

玉米是美洲唯一土生土长的谷物，亦称玉蜀黍，为禾本科一年生草本植物。根系强大，有支柱根，秆粗壮，叶宽大，为线状披针形，花单性，雌雄同株，雄花为圆锥花序，顶生，雌花为肉穗花序，着生于叶腋间，外有总苞。性喜高温，需水较多，适宜疏松肥沃的土壤。

玉米远在7000年前就被居住在今墨西哥城附近高原上的印第安人所栽培。当时玉米的雌穗只有铅笔头那么大，仅10余粒玉米。到1492年哥伦布发现美洲时，玉米的种植已从中美洲向北传到五大湖地区。当欧洲的清教徒乘"五月花"号轮船抵达美洲大陆时，是印第安人拿出玉米才使这些最早的欧洲移民能度过严冬，免于饿死。

美国伟大的人类学家摩尔根在其《古代社会》一书中这样说："由栽培而来的淀粉性食物的获得，必须视为人类经验之最伟大的事迹之一。"

这是对印第安人培育玉米、番茄等作物的高度评价。

我国关于玉米最早的记录是在1511年。当时，在安徽的颍州就已开始栽植玉米了。那时距哥伦布发现新大陆不到20年，比起番茄，玉米的传播要快得多。葡萄牙人1496年到达了爪哇，1516年又来到中国，而在16世纪初侨居南洋群岛的中国人已不少，因此玉米应是通过海路，由葡萄牙人和华侨带到中国的。过了半个世纪，我国西北的甘肃和西南的云南等地也已种植了玉米。就这样，玉米从南向北逐步传遍了中国各地。

玉米是世界最重要的粮食作物之一。它可用做饲料、食物和工业原料。在许多地区成为主要食物，但营养价值低于其他谷类。在拉丁美洲，玉米被广泛用做不发酵的玉米饼。美国各地均食用玉米，通常做成玉米布丁、爆玉米花、玉米糊和玉米片等各种食品。除食用外，玉米也是工业酒精和烧酒的主要原料。玉米不可食用的部分也可用做造纸、建材、燃料等。玉米是世界上分布最广的粮食作物之一，种植面积仅次于小麦，种植范围从北纬58°（加拿大、俄罗斯）至南纬40°（南美）。在美国，玉米是最重要的粮食作物，产量占世界一半。我国是世界玉米生产的第二大国，年产约3300万吨，主要种植于东北、华北和西北各地。

中国番薯的来历

番薯是印第安人栽培的又一种粮食作物，属旋花科，亦称红薯、山芋、甘薯和地瓜等，是一种生长在热带地区的草木植物。其茎蔓生，性喜温暖多光，耐旱、耐碱。块根含有大量淀粉，可做粮食或供制酒精等。

番薯原生长在热带美洲地区，哥伦布发现新大陆后才开始在世界各地传播。

番薯在我国的传入大约是明朝万历年间。当时福建华侨陈振龙在菲律宾经商时，看到番薯，尝过味道后觉得其清甜可口，于是将番薯藤带回福州，栽种后竟获得成功。1593年，福建大旱，陈振龙之子陈经伦向福建巡抚金学曾建议多种番薯，得到了采纳，老百姓因此而度过了饥年，从此番薯在国内开始得以传播。后人为了纪念陈振龙父子和巡抚金学曾，在福州修建了"先薯祠"。

近400多年来，番薯在中华大地广为扎根，其顽强的生命力受到老百姓的普遍赞誉。

于人有害的烟草

烟草是茄科烟草属的植物，绝大部分产于热带美洲，为一年生草本植物。性喜温暖，耐旱、适宜排水良好、有机质含量适中的土壤。

人类最早的吸烟者当数美洲的印第安人。在墨西哥恰帕斯州的博南克，公元432年的建筑中就有一幅描绘人们吸烟的浮雕。美国亚利桑那州北部普博洛，在一个公元650年印第安人曾居住过的洞穴中，发现了宽大的烟叶和烟斗等放在一起。通过色谱分析可知这也是一种烟草。当哥伦布到达西印度群岛时，看到印第安人"在一个长管的一端燃烧着一种植物的叶子，另一端用嘴含住，并吐出一股烟雾"。这种植物墨西哥的阿兹台克人称之为叶特耳，巴西的印第安人叫它碧冬木，西印度群岛的土著人称之为药里，后来才知道，它们都是同一属的植物，统称为烟草。

烟草大约在1530年由西班牙人带入欧洲。1556年从巴西传到法国。

以后烟草逐步由美洲传遍世界各地。大约在17世纪初，由三条路线传入中国：一条是由福建水手从菲律宾的吕宋岛带回烟草种子，再向南传到广东，向北传至江浙；另一条大约在1605年由葡萄牙人带到日本，传入朝鲜，然后进入中国；第三条是由南洋传入广东。中国史书上最早提到烟草的是明末名医张介宾的《景岳全书》，上面这样记载："烟草自古未闻，近自我万历（1537—1620）时，出于闽广之间，自后吴楚土地皆种植之。"

黄花烟草是早期印第安人栽培的。其气味辛辣，刺激性大，但产量不高。大约在1612年，美国弗吉尼亚人约翰·罗尔夫在弗吉尼亚州的奥林诺哥开始种植普通烟草。它是两个野生种的杂交产物，染色体自然加倍而得到四倍体植株。其气味好，刺激性小，产量高，因此，很快代替了黄花烟草，成为现在全世界烟草的主要栽培种。然而，美洲印第安人在吸烟时，并未想到，以后全世界竟有数亿人为此而迷恋不已。

　　人类在吸烟的同时，往往也吸入了大量的有害物质，主要是焦油和尼古丁（烟碱）。现代医学已证明，吸烟与人体多种疾病，特别是肺癌有明显的关联。

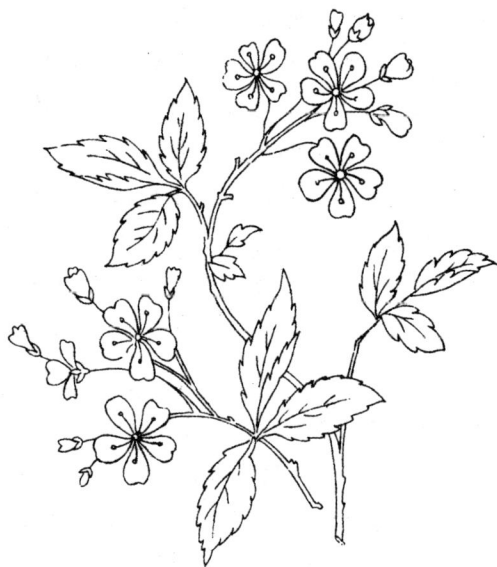

"南美神花"——向日葵

向日葵是菊科一年生草本植物，英文名字Sunflower，即太阳花之意。其茎直立，圆形多棱角，质硬被粗毛；叶通常互生，两面粗糙；头状花序单生，花序边缘为中性的舌状花，黄色，花序中部为两性的管状花，能结实；瘦果，果皮木质化，种子富含油脂，可食用或榨油。种子油可做润滑油和用于制肥皂、油漆等，种子烘烤后可食用或碾碎用于制面包和类似咖啡的饮料。

向日葵原产于美洲，广布于温暖的地方。向日葵有一个特点，即向光性。正是由于这种特性，而被南美的印加人视为神花，有"印加魔花"之誉。印加人是南美印第安人之一部分，公元12世纪，印加人定都于库斯科，至15世纪开始扩张。在100年中统治了近1200万安第斯高地的居民。

在1532年西班牙人入侵时，印加已是一个庞大的帝国，创造了高度发达、辉煌灿烂的印加文化。"印加"一词在印第安语中的含义是"太阳的子孙"，印加人自称为太阳神的后裔。因为，据说太阳神在的的喀喀湖的岛上创造了一男一女，让他们结为夫妻，并把新创造出来的种族带到一个吉祥之地定居下来，印加人由此开始世世代代的繁衍。因此，印加人非常崇拜太阳，每年从6月24日开始，举行为期9天隆重的"太阳祭"。

自然，对于围绕太阳转的向日葵要视为神花。今天，有较多印加人后裔的秘鲁和玻利维亚等国家，都将向日葵作为他们的国花。

1510年，向日葵由西班牙探险队带到了欧洲。至18世纪，俄国开始种植向日葵，并逐步成为俄罗斯主要的经济作物之一。俄罗斯人对向日葵一见倾心，十分喜爱，将向日葵定为国花。

适应性极强的马铃薯

马铃薯是茄科属的一年生草本植物，高50～100厘米，地下茎形成几个到20多个不同形状和大小的块茎。

马铃薯起源于南美洲秘鲁的安第斯高原和智利沿岸。印第安人很早就开始种植和食用马铃薯，其历史可以追溯至公元前2000—2800年。

早期新大陆的探险者们这样叙述他们看到马铃薯的情况：在秘鲁的村庄，印第安人依靠玉米、豆子和一种名叫"巴巴"的块茎过日子。

1523—1543年，马铃薯越过大西洋进入西班牙和欧洲。最初，马铃薯在欧洲仅仅作为庭园里的观赏植物。1565年，西班牙国王菲利浦二世把"巴巴"献给罗马教皇。以后，由于法国农学家安·奥·巴曼奇的努力，马铃薯的食用价值为法国人所接受。法国人开始广为种植马铃薯；至17世纪，马铃薯成为爱尔兰的主要作物；而到18世纪末，马铃薯成为欧洲大陆国家（尤其是德国）和英格兰西部的主要作物。1771年和1775年，欧洲大部分地区发生严重饥荒，马铃薯以其广泛的适应性、较高的产量和可口的味道赢得了人们的喜爱。19世纪初，俄国沙皇彼得大帝将马铃薯带回了俄国。

18世纪，随着殖民主义者活动的增加，马铃薯从欧洲进入了非洲。至18世纪末，马铃薯又来到了澳大利亚和新西兰。1718年，欧洲北爱尔兰的传教士把马铃薯带到了美国，后来又随着贩卖黑奴进入加拿大。18世纪后期，由于连年饥荒，马铃薯作为良好的救荒植物，才在北美各地传播开来。

大约在19世纪初，马铃薯最早从南洋一带进入中国。开始在台湾种植，以后传入福建、广东沿海各省。以后，东北地区从俄国引入马铃薯；德国殖民者把马铃薯带到山东；法国和比利时的传教士则把马铃薯带入四川；从此，马铃薯在中国各地纷纷开花。由于马铃薯产量高、营养丰富、生态适应性强，从平原到丘陵，直至数千米以上的高原山区都可以种植，既可做蔬菜，又可当粮食，所以被人们广为种植，成为世界五大作物（稻、麦、玉米、高粱和马铃薯）之一。

"活化石"银杏西传

银杏是裸子植物银杏目唯一的现存种。这个目始生于古生代二叠纪，包括了银杏科近15个属，曾经广布北温带，在欧洲和北美都有它们的踪迹。在第四冰期以后，绝大部分的银杏的种类皆遭灭顶之灾，仅剩下这唯一的种类残存于我国。因此，银杏也是著名的活化石。

银杏是一种落叶大乔木，可高达40余米，树冠呈金字塔形，十分壮观。其叶形奇特，多数叶片被中央分裂成两个裂片，叶柄很长，似一把微型扇子，入秋叶片变为金黄色。别致的叶形和美丽的叶色使银杏成为世界著名的风景庭园树种。

银杏为雌雄异株，每年4月开花，10月果熟。果实大小似枣，外表是黄绿色的具恶臭和辛辣味的假种皮，其内是白色的种壳，里面为绿色的种仁。由于种壳是白色的，所以银杏又被称为"白果树"。银杏生长很缓慢，从栽植到结果需很长时间，因此又被称为"公孙树"。

银杏的种仁软滑、性平味涩，内含蛋白质、脂肪、钙、磷、铁、胡萝卜素、多种氨基酸及碳水化合物，营养十分丰富，但因含少量的氰贰和白酚等物质，故略带微毒，可用于止咳定喘和医治痤疮等。

目前，银杏在我国的天然分布范围很小。《中国植物志》记载，银杏分布于浙江西部和云南东部，但对后者则语焉未详，确知的天然分布地仅为浙江西天目山。

西天目山海拔1506米，是横亘于浙皖边境的天目山脉的第二高峰，该地历史古老，是苏南、皖南和浙西北广大丘陵山区植物的云集地，植物种类丰富，古老的孑遗植物和特有种甚多。银杏在此能天然更新，生长良好，是该地常见的大乔木。有人曾随意测量了10株大银杏树，它们平均胸径达0.92米，高近30米。在海拔100米处的悬崖峭壁上，有一株号称"五代同堂"古银杏，即不同年代萌生的枝干形成了老、壮、青、少、幼长在同一根上的奇特现象。

银杏除了有较高的观赏价值外，生命力也很顽强，能抗真菌、抗虫害和抗寒，寿命也极长，因此，从古至今一直受到人们普遍的喜爱。

我国古代很早就开始栽培银杏，多种植于寺庙和园林之中，取其长寿吉祥之意。今天从南到北，各地不乏百年乃至千年以上的古银杏树。在南岳衡山福严寺西侧，有棵近2000年的古银杏，相传在1400多年前，中国佛教天台宗三祖慧思和尚，曾用艾火在银杏的树干上灸了几处疤痕，要它同时受戒"出家"。1972年，该树曾惨遭雷击，主干仅剩5米，现今却又生机勃勃，郁郁葱葱。北京西郊潭柘寺三圣殿左侧有一棵高35米的古银杏，相传为辽代所植，清朝乾隆皇帝曾封它为"帝王树"。

最古老的银杏仍数山东莒县（周初莒国的都城）西9公里处的浮来定林寺中的那棵，其高达24.7米，胸围12.7米，胸径近4米，相传该树为商代所植，距今已3000多年了。史载，公元前715年（鲁隐公8年），鲁公与莒子曾会盟于该树下，故此地也称莒鲁会盟地。

银杏大约在南宋时由我国传入日本，在日本各地的寺院庙宇中广为种植。到18世纪初，才由日本传入欧洲，而后才传入北美等地。

在美国，首都华盛顿郊外种植银杏作为行道树，每至秋天，金黄的秋叶纷纷扬扬，为北美大地增添了美丽的秋色。

菩提树随佛教来华

　　菩提树是桑科榕属的常绿乔木，可达10～20米，树干光滑，全株无毛，有乳汁。叶片为三角状卵形，具滴水叶尖。每年11月开花、白色。菩提树原产于印度和斯里兰卡等南亚地区，被佛教国家视为圣树，广植于庙宇内外，并随着佛教而传到各地，现在我国云南和广东等地也有栽培。

　　世界最古老的菩提树在斯里兰卡的中央省阿努拉达普拉，树龄已有2600年。菩提为梵文"觉道"之音译，相传古印度迦毗罗卫国王子乔达摩·悉达多（即释迦牟尼）在印度菩提伽耶的一棵菩提树下，结跏趺坐，静思冥索，整整七天七夜之后，方大彻大悟，得道成佛，故而菩提树也称为思维树。人们为了纪念佛祖，将菩提树尊为圣树。

　　在我国南北朝梁天监元年（公元502年），印度高僧智药三藏禅师自印度经西藏，不远万里来到我国东南沿海，同时带来了菩提树，亲手植于广州的光孝寺中，至此中国始有菩提树，并在南方各大名刹中广为播种。唐高宗仪凤元年（公元676年），高僧慧能在光孝寺内的菩提树下受戒。以后，他开辟了佛教南宗，被称为"禅宗六祖"，因此，"光孝菩提"成为羊城最早的八景之一，菩提树也声闻遐迩。但原来的菩提树早已死亡，现在的菩提树是原来的后代。

　　当时，菩提树向北可分布到华东地区，浙江天台山的隋朝名刹国清寺的藏经阁前就有过一株菩提树。到唐朝时，日本最澄大师来天台山取《法华经》时，此树已长成参天大树了。但在公元11世纪后，我国气候逐渐变冷，菩提树在华东地区已无法露天越冬，故而渐趋消亡，只能在华南和西南等地生长。

　　菩提树是佛教国家最有纪念意义的树木，人们往往将树叶制成叶脉书签，其透明薄如轻纱，被称为"菩提纱"，上可绘制佛像、花卉等，是著名的旅游纪念品。果实则被称为"菩提子"，成熟后坚硬带光泽，呈紫黑色，晾干后可做佛珠。在中国科学院植物研究所的北京植物园的温室中，还保存有斯里兰卡前总理赠送给我国政府的菩提树，成为中国和斯里兰卡两国人民友谊的象征。

毒品植物的流传

近年来，毒品问题越来越成为世人所关注的社会问题。毒品不仅给吸毒者本人带来极大危害，而且它通常还和暴力犯罪、卖淫等一系列有害社会秩序稳定的行为紧密相连。因此，反毒和禁毒受到世界各国政府和人民的高度重视。

今天，危害最深、范围最广、影响最大的三大毒品——海洛因、大麻和可卡因，其实都是从植物中提取的。人类很早就在漫长的生活实践中认识了它们，并且利用它们。在这些植物的提取物尚未变成毒品之前，它们对人类生活也颇有贡献，尤其在医疗和强身健体方面具有显著的功效。人类只有充分认识毒品的危害，才能自觉地增强反毒禁毒的决心，戒除好奇心，使这些植物不被滥用而导致对社会秩序的危害。

罂粟是海洛因毒品的源植物，为罂粟科罂粟属植物，俗称大烟花。这是一种高0.6～1.2米的一年生草本植物，有乳汁。花单生于茎的顶端，直径约7～10厘米，圆形花瓣有4枚，颜色多样，有白、粉红至紫色，极为美丽。花期为5月，果期则为7—8月。当果皮还呈绿色，果实尚未完全成熟时，如果用小刀划破果皮，就会有一种白色的乳汁流出，暴露在空气中会自然干燥凝结，其后便呈褐色或黑色的固体物，俗称"烟土"，也就是举世闻名的鸦片。

鸦片是英语Opium的译音，也称为阿片或大烟。Opium一词来源于希腊文Opo，意指植物的汁。鸦片的正常合法用途是在医疗上，其有效成分为生物碱，含量可达20%，主要有吗啡、可卡因、那可汀和蒂巴因等。鸦片具有镇痛、麻醉、镇咳和止泻等作用，其副作用是易于成瘾。

罂粟的原产地在小亚细亚，在公元1世纪时已有文献记载。由于鸦片在医疗上的特殊贡献是缓解病人的剧痛，因此，人类为取得鸦片而主动种植罂粟。

罂粟是由希腊及美索不达米亚缓慢地向东传播的。印度曾是世界上种植罂粟最多的地方，历史也很长，在莫卧儿王朝时，就曾给参与打仗的大象鸦片吃。在英国统治印度时，也常让士兵服食鸦片，以减轻受伤时的疼痛。

约在7世纪时，罂粟和鸦片开始从波斯传入我国，明朝李时珍在《本草纲目》中记载了鸦片，称之为"阿芙蓉"。

虽然鸦片在医疗上有特殊价值，但长期服用后会上瘾而毒害身体。到17世纪，吸食鸦片在我国已成为严重的社会问题。英国商人为了谋取暴利，从印度向我国输入大量鸦片，不仅严重毒害了我国人民，还使我国的白银大量外流，影响国家财政。因而，遭到广大的有识之士的强烈反对，英帝国主义由此发动了侵略中国的鸦片战争。

然而使人没有想到的是，当年毒害中国人民的鸦片，其提纯后的吗啡衍生物——海洛因（二乙酰吗啡）却给西方世界带来了更严重的危害。海洛因是英国人伟特于1874年首先合成的。当时，他想研制出一种非上瘾性的止痛特效药。于是，他将吗啡与乙酸酐混合煮沸，结果得到了二乙酰吗啡，但这种药物在狗身上所做的试验却显示出严重的毒性，使狗产生严重的虚脱和昏死现象。

然而，当时的德国科学家却认定是一种药效显著的非上瘾性麻醉剂，一家德国公司决定生产这种药物，并用德文中代表女英雄的词Heroin作为药名，并在世界各地广为宣传。

海洛因是白色结晶状粉末，大约每10~12公斤的鸦片溶液可提取1公斤的吗啡碱、再经醋酸酐处理，可制得1公斤海洛因，价值高达25万美元。海洛因的麻醉、镇痛作用远较鸦片强，镇痛效力为吗啡的4～8倍，然而其副作用却远远超过它的医疗价值，它极易成瘾、且难戒断，应用过量可因呼吸抑制而死亡。因此，美国已禁止制造或进口海洛因。1953年，英国将它从《英国药典》中删去，世界各国目前都将海洛因作为重要毒品而加以缉查和禁绝。

然而，海洛因的走私目前仍十分猖狂，屡禁不绝。一些人为了牟取超高额利润，不惜以身试法。同时，由于各种原因，要全面禁绝罂粟种植仍十分困难。目前，世界上罂粟主要产地为亚洲，两大产地一个在阿富汗、巴基斯坦和伊朗三国交界处的"新月地带"；另一个位于缅甸、老挝和泰国三国交界处的"金三角"地区。这里的气候、土质十分适宜罂粟的生长，因此种植数量很大。每当花朵盛开时，一片片的罂粟地犹如五彩缤纷的花地毯铺在绿色的群山中。

近年来，有些贩毒分子将"金三角"所产的海洛因，经过我国西南和华南再出境到达香港，然后再走私到美国等西方国家。海洛因的过境走私也给我国造成相当严重的危害。

我国罂粟科植物约有12属16种，大部分为观赏植物。罂粟属植物有6～7种，主要分布在北方，但南北各地均可引种栽培。罂粟属植物仅罂粟可产生毒品鸦片，其他的皆有极高的观赏价值，如常见的虞美人，其花色有红色和粉红等，姿态轻盈秀丽，观之令人遐想联翩。还有的是野粟，它广布于华北和东北，每至夏天，金黄色的花朵盛开在草原和高山上。在海拔2100多米的长白山上，一片片盛开的野罂粟，极为美丽动人。

大麻是第二种重要的毒品植物，属大麻科大麻属植物，亦称胡麻，为一年生草本植物，雌雄异株，茎直立，高1～3米；叶对生，掌状复叶，小叶，披针形或条状披针形，边缘有锯齿；雄花排成疏散的圆锥花序，淡黄绿色，雌花则密集丛生于叶腋。大麻富含韧皮纤维，传统上把大麻作纤维植物利用，其花、叶、种子和茎所含的脂肪可提炼麻醉药品。果实可入药，称大麻仁，其性平味甘，具润肠通便之效，大麻籽油能制油漆、清漆、肥皂和食用油等。

大麻生长于温带地区，源于中亚。我国早在公元前2800年，就已开始栽培大麻以获取纤维。欧洲地中海国家在公元纪年开始也已种植，中世纪时，更扩大到欧洲其他地区，1500年进入南美洲的智利，又过了一百多年移植入北美洲。如今，世界上大多数国家为获得纤维而栽种大麻，主要生产国为印度和巴基斯坦等国。

大麻有一个变种，它就是印度大麻，是主产于热带地区的生理变种，形态上与广泛栽培的大麻差异甚小。印度大麻含有较多的大麻脂，可作为毒品使用。大麻脂内含大麻酚等成分，具有麻醉作用，可作用于中枢神经系统，引起情绪突变及妄想狂型等精神症状。少量服用有兴奋作用，用量过度会导致血压升高，全身震颤、运动失调、眩晕、反射亢进、瞳孔扩张、触觉敏感、食欲增加，直至进入梦幻状态。大麻虽然成瘾度较轻，但对人体同样也有危害，动物实验表明，大麻可使胎儿畸形。

古柯是特产于拉丁美洲的毒品植物，属古柯科，为高1～2米的小灌木。除中、南美洲外，在非洲和亚洲东南部皆有栽培。我国海南、广西和台湾等地亦有少量栽培。

古柯叶含有古柯碱、钙、磷、维生素A和B_2，居住在安第斯山的印第安人很早就认识和了解古柯这种植物。为了适应高海拔地区的恶劣环境，印第安人常把古柯叶含在嘴里咀嚼，作为一种较好的兴奋剂。

早先，西方人发现古柯叶可较好地治疗鸦片瘾和酒精中毒。到了1862年，德国化学家从奥地利科学探险队自秘鲁带回的古柯叶子中分离出一种生物碱，这就是可卡因，它是一种雪白色的粉末，可阻断神经传导，产生麻醉感，因此，是一种局部麻醉药物。西格蒙德·弗洛伊德当时从一份报告中看到了有关可卡因的介绍：一个在过度行军中几乎累死的德国巴伐利亚的士兵，因为服用了可卡因后，又精神抖擞地开始了行军。于是弗洛伊德自己也服用了一些可卡因，他认为这是一种迷幻物质，有神奇的刺激大脑兴奋中枢的作用；同时，也有助于戒除吗啡瘾，可治愈气喘和胃不适，因而，在医疗上可用作枯草热、窦炎的医治药物及作普通的兴奋剂；当时，甚至有一些含有可卡因的酒类和饮料。到了20世纪初，人们开始逐步认识到可卡因的危害作用，虽然它可刺激大脑的中枢神经，令人产生快感及感官幻觉，似乎给人带来了难以言喻的快乐和无穷的力量。但是，短期

服用后即可产生毒瘾，导致失眠恶心、消化系统紊乱、精神衰退，并加剧
诱发成偏执型精神病，严重时导致呼吸麻痹而死亡。因此，在1961年由125
个国家签署的一项国际公约中宣布，禁止生产可卡因或拥有可卡因，除规
定的医疗用途外。然而，近年来可卡因的非法走私在拉美地区越演越烈，
给拉美各国地区的社会稳定造成了极大破坏。

　　通过上面对三种毒品植物的介绍，我们可以看到，这些原来具有正常
医疗价值、对人类有一定益处的植物，在被滥用后对人类自身造成了多大
的危害！

◎ 繁花似锦 ◎

　　鲜花是跟美好联系在一起的。鲜花也是最受人类爱护的植物之一。

　　鲜花美化了环境，使地球美丽起来，同时使人类懂得如何去热爱生命，与自然达到和谐。

"花中之王"——玫瑰

人类种植玫瑰，历史悠久。玫瑰的祖先生长在亚洲和欧洲一些气候较干燥的地区。

《西京杂记》中记载，汉武帝时，在乐游苑中栽培有"玫瑰树"。这说明我国最迟是在西汉前就栽培玫瑰了。

叙利亚的古国名叫"苏里斯顿"，意思是"玫瑰的土地"。最负盛名的是首都大马士革的玫瑰。早在3000多年前，在世界七大奇迹的巴比伦空中花园里，大马士革的玫瑰就已名重一时。古埃及人长途跋涉不辞劳苦地把这种玫瑰贩往罗马，换回大量黄金。

生活豪华奢侈、崇尚享乐的罗马奴隶主，把玫瑰看做珍宝，供养在宫廷之中。人们把玫瑰献给爱神和酒神，并将绽开在花枝上的第一朵玫瑰花送给情人，以表达纯洁的爱。

公元8世纪到9世纪，阿巴斯王朝的国王垄断大马士革玫瑰的栽培，只有王公贵族才有资格在宫苑里欣赏玫瑰。穆塔瓦基居然说自己是苏丹之王，玫瑰是众花之王，同玫瑰共享殊荣。

玫瑰由于它美丽、香甜、雅洁，中东人称它为"花中之王"，把它看做是圣洁、完美、幸福和纯真爱情的象征。玫瑰花香味浓烈，引人停步赞赏，因此又叫"徘徊花"。

玫瑰是蔷薇科的落叶灌木，同蔷薇、月季是姊妹花。茎密生锐刺，又叫刺玫瑰。羽状复叶，小叶5～9片，椭圆形或椭圆状倒卵形，边缘有锯齿。夏季开花，花单生，紫红色、白色，芳香。

9世纪以后，大马士革玫瑰才从宫苑里解放出来，传入民间，并传到法国、西班牙、英国。

玫瑰除供观赏外，还有极高的经济价值，它是制作玫瑰水、玫瑰露、玫瑰香水的重要原料。打败欧洲十字军侵略的阿拉伯民族英雄萨拉丁，于公元1187年攻占耶路撒冷的战争中，曾用500头骆驼装运玫瑰水，准备在进入耶路撒冷时，对城市环境进行净化。

1612年，波斯莫卧儿皇帝同马赫公主结婚时，皇帝为显示自己的权力，在花园里挖了一条水渠，里面灌满了玫瑰水。新婚夫妇沿着玫瑰水渠散步，新娘发现水面上有泡沫，皇帝用勺舀上泡沫来看，竟是香气袭人的油珠，浓香久久不散。从此，人们开始从玫瑰中提取玫瑰油。

关于玫瑰，有许多传说，欧洲人说，玫瑰是与爱神维纳斯同时诞生的。基督教传说，耶稣被钉在十字架上的时候，鲜血滴到地上，于是地上长出了一朵红色的玫瑰花。伊斯兰教传说，穆罕默德的汗水洒在地上，变成了稻谷和玫瑰花。保加利亚传说，阿弗逻迪塔女神下凡时，用鲜血浇灌玫瑰，绽开出一朵红玫瑰。

保加利亚索非亚东南40公里处，有个玫瑰谷，长满了红、黄、白等各色玫瑰。人们把美丽的花朵作为勤劳和智慧的象征，把遍身芒刺视为英勇不屈的民族精神。

每年6月，被誉为"玫瑰之都"的卡赞勒克市都要举行一次盛大的民族节日——玫瑰节。穿着民族服饰的人们从四面八方来到玫瑰谷。玫瑰姑娘向来客献上面包、咸盐和葡萄酒。几百名学生仪仗队簇拥着"玫瑰王后"绕场向客人致意。五彩缤纷的马车向客人喷洒香水，抛散花瓣。装扮成古代玫瑰商——"加纽大伯"向客人赠送香水。姑娘们唱着民歌同客人们跳圆圈舞。一群库里克老人，身穿奇特服装，腰系大小铜铃，头戴假面具，在威风凛凛地驱散恶魔。最后，姑娘们赶着马车去玫瑰园采摘玫瑰。

玫瑰，不仅美化了保加利亚，而且成了"金花"，保加利亚已经成为世界上最大的玫瑰油生产国。

"水中女神"——睡莲

在热带和亚热带的池塘里，到处可以见到一簇簇洁白的和红色的睡莲花朵，漂浮水面。睡莲有文静的清姿、水生的洁好，人们誉它为"水中女神"。

睡莲是睡莲科多年生水生花卉。它有100种左右，分为两大体系：热带的睡莲是不耐寒品种，花大而美，冷天在温室内才能越冬；温带的睡莲是耐寒的品种，地下茎一般能在池泥中越冬。

睡莲生长在浅水中，根茎短，叶有长柄，叶和花的形状因产地品种的不同而不同。叶子有的像马蹄，有的似圆盘，直径小的只有5厘米，而大的却有60厘米，花色有白、黄、紫、青、红或绯红。

睡莲原产中国、日本、俄罗斯、北美，花很小，3～5厘米，白色，下午开放，花期3～4天。

白睡莲原产欧洲，花型较大，可达13厘米，可是重量却很轻，每朵花还不到10克重。它迎着朝阳含苞待放，到中午怒放，傍晚闭合起来"酣睡"了。它时开时合，历时多天，最长达半个月。

黄睡莲原产墨西哥，午前开放，花开黄色，直径约10厘米，到傍晚闭合。香睡莲原产北美洲，花白色，直径4～12厘米，上午开放，香味芬芳。

红睡莲原产印度，叶心脏形，呈赤褐色，直径15厘米左右。它的习性同其他睡莲不同，花在晚上8时开放，到第二天11时闭合，花期约三四天。

紫睡莲，因花色呈蓝紫而得名，叶呈心脏形。

睡莲，又叫金莲、午时莲、水浮莲、朝日莲。它扎根湖底，长出的叶梗漂浮水面，能够随水位升降，幅度有1米多。睡莲花谢后，逐渐卷缩，沉入水中结果。浆果球形，壳里含有空气，能浮在水面随风漂流，当种子下沉后，如果环境适宜，第二年夏天，便发芽成长成一株新睡莲。

为什么睡莲会时开时合呢？

原来，这是阳光的作用。从东方冉冉升起的太阳把睡莲从睡梦中唤醒；中午时分，花瓣展开成一个大圆盘，内侧层受到阳光照射，生长变慢，外侧层背阳，却迅速伸展，超过了内侧层，花就自动闭合起来。

白睡莲的生活很有时间规律："日出而作，日落而息。"孟加拉国和泰国尊睡莲为国花，象征民族的灵慧和清雅的风尚。

高雅素洁的莲花

　　莲花，人们赞美它高雅素洁，出淤泥而不染，那一片片摇曳着的绿叶，一支支亭亭玉立的莲花，散发出阵阵清香，沁人心脾，顿减几分暑气。

　　莲花，又叫荷，睡莲科多年生水生草本。莲的地下茎节肥大部分是藕，藕节间最初抽出的小叶——钱叶，长在水下，以后藕节上长出浮叶、立叶、把叶。地下茎先后伸入泥中结藕，先结亲藕，再长出子藕和孙藕。节向上抽出花梗。花朵很大，有单瓣、多瓣、重瓣之分，有白、粉红、深红、洒金等颜色。

　　世界上的莲花约有90多种，而埃及莲花驰名世界。公元前5世纪，希腊历史学家希罗多德把最著名的莲花称为"埃及之花"。

　　莲花和埃及的传统风俗、宗教文化息息相关。在古埃及的社会交往中，莲花成为朋友、爱人之间互相馈赠的典雅饰物。传说古埃及的智慧之神托特的妻子埃赫·阿慕纳奉献给丈夫一束花，以表示她对丈夫的忠贞和爱情。埃及民间崇尚莲饰，帐篷的布面、建筑物的墙垣和柱面上，都饰有亭亭玉立的莲花状图案和雕刻。埃及的莲饰在公元前1500多年埃及第15王朝西提一世时，就传到西亚的业述王国。

　　埃及莲花有白、蓝和红色的区分。白莲花在埃及的历史可追溯到金字塔之前。蓝莲花在古埃及遍布全国各地。红莲花是从印度经波斯传到埃及的，在埃及享有特殊的神圣地位，禁止食用它的果实。

　　印度莲花主要有7种，因此又叫"七宝莲花"，其实，更细致地划分，这七种莲花只有两种真正叫莲花，即白莲花（芬陀利花）和红莲花（波头摩花），另外5种都是睡莲。莲花同佛教有千丝万缕的联系，而在佛教中，莲花与睡莲是混为一谈的，都称为莲花。莲花和睡莲同属睡莲科，但毕竟有不同，睡莲的花和叶不像莲花、莲叶那样高高挺立，而且也不会结莲蓬。

印度是佛教的发祥地。印度人用莲花作为力量、吉祥、平安和光明的象征，还把莲花比喻为英雄和神佛。总之，一切美好理想都以莲花来表示。无论画佛像、塑佛身，都以莲花为台座，所以寺庙里许多佛像都坐在莲花上面。莲花被佛教如此尊重和神化，是花中少有的。

中国古代的壁画和雕像，由于佛教的影响，常常有"莲花化生"的形象（也叫极乐化生）。最早出现在云岗石窟和龙门石窟中的北魏石雕中，南北朝到隋唐盛行的石窟艺术，也有这种雕像，如敦煌石窟中唐代的壁画，连当时一些墓葬内的壁画或画像砖中，都有莲花生动的形象。古代的艺术雕刻匠塑造了生动美丽的形象：在华美的莲花瓣间托出了一个体态丰腴、稚气可掬的童子，洋溢着生命的活力、人间的情趣，给人以鼓舞和力量；《封神演义》中的哪吒，莲花中心托出了一个颈环莲花、腰围荷叶的童子，这形象源于"莲花化生"。

莲花兼有花、叶、香三美。莲花可分为两大类：食用莲和观赏莲。食用莲地下茎肥大，结实较多，如粉川莲，大白莲，东湖红莲等。

观赏莲中最著名的要算并蒂莲、四面莲等了。并蒂莲，一梗两花，并蒂而开。四面莲一梗开四花，两两相对。

莲花的花托发育成莲蓬，它的子实叫莲子。莲子和藕可食用，莲的大部分都可药用。

圣洁的百合花

百合是多年生的草本鳞茎植物，是百合科百合属，多分布在北半球温带，有少数产于南半球的寒带及热带。我国各地都有分布。

百合的地下扁球形鳞茎，鳞片肉质肥厚。由于层层鳞片互相叠合，因此叫它百合。早春于鳞茎中抽出茎，茎的叶腋中有时生有珠芽。叶子互生，披针形，上端尖。花开在茎顶，仿佛喇叭那样向天空吹奏号角。夏季开花，花被6片，有红黄、黄、白或淡红等色。性喜温暖干燥，适于砂壤土生长。

百合花的种类很多，全世界约有100种，我国原产的有30多种，大多分布在黄河流域以南省区。我国栽培百合的历史很悠久，南北朝时的百合题诗中就有不少是赞美它的。现在，欧洲栽培的百合花，有些是从我国移植过去的。如布隆氏百合花，就是英国商人带回英国，是由我国白百合栽培而来的；著名的王百合，也是英国人威尔逊从我国四川引种百合栽培成功后，又引进日本百合育成的世界名种。

欧洲人一直把百合花当做圣洁的象征。《圣经》中赞美百合说："他的恋人像山谷中百合花，洁白无瑕。"还说："百合花赛过所罗门的荣华"，可见，它的地位不同寻常。

百合的种类分食用和花用两类，如鹿子百合，麝香百合、湖北百合、青岛百合等，鳞茎很小或味苦，不宜食用。可是这些百合的花却十分艳丽，是优美的观赏花卉。

百合花姿态清丽，有色有香，有的鳞茎可食用，受人欢迎。百合的鳞茎营养丰富，含淀粉21.7%，粗蛋白4.5%，是滋补上品，还可制淀粉；中医学上可入药，性微寒，叶甘，功能润肺止咳、清心安神，主治痨病咳血，虚烦惊悸等症。

关于百合花，有这样一个传说。古时候有一年，美国犹他州发生了严重的饥荒。当地的印第安人，没有粮食吃，连地面上的树叶、野草也都干枯了。只有埋藏在地下的百合可供充饥，使人们得以活下来。因此，犹他州人把百合看做是神圣东西。由此，这个州把百合定为州花。

古巴和尼加拉瓜把姜黄色的百合花定为国花，象征高贵与圣洁。

扶桑花开红似火

扶桑又叫佛桑、朱槿、朱槿牡丹、大红花,是锦葵科常绿灌木。产于我国,广栽于南方。全年开花,为著名的观赏植物。

据记载,扶桑生自东海日出之处,其叶如桑,而且两株树往往同根偶生相互扶依,因此叫"扶桑"。仙人摘食它的桑椹后,全身散发出金光。《本草》说它的雌雄蕊如"上缀金屑,月光所烁,若焰生观一丛之上",十分美丽。

扶桑一般高1～3米,叶互生,长卵形,端尖,顺缘有粗锯齿。花朵有红色的,也有粉红色、黄色、黄白色的,以红色为贵。扶桑花不论花型和花色,都要比姊妹花——木槿花美丽、娇艳。

扶桑栽培品种多达几十种,颜色也不同。扶桑喜光,为强阳性植物,喜温暖、湿润气候,喜肥沃土壤,但不耐寒冷。长江流域及其以北地区多温室盆栽。

扶桑单瓣花朵硕大繁茂,5片花瓣鲜艳夺目,阳光映照,烁烁如焰。重瓣花色彩斑斓,丰富厚实,可同北国牡丹相媲美,因此又叫它"朱槿牡丹"。

扶桑在我国南方栽培很广。特别在广州,由于温度适宜,四季花开不断,而在夏季,更是花多繁茂,红绿相映,十分壮观,有"广州牡丹"的美誉。

扶桑在阳光充足、肥沃而疏松的土壤中扦插,很容易成活和繁殖。

温室盆栽扶桑,花期很长,花大而艳,为布置节日公园、花坛以及迎宾、宴会、游园会的名贵花卉。它的经济价值也高,花、叶、根都可以入药。叶性味甘平,有清热解毒作用;花性味甘、凉,有清肺、化痰、凉血、解毒作用;根味涩,性平,有消炎、止咳、活血作用。

马来西亚以扶桑为国花。在盾形国徽上绘有一朵红色国花——扶桑,象征君主。马来西亚人用这种红彤彤的扶桑花朵，比喻热爱祖国的烈火般的激情；也有人比喻为革命的火种洒满大地而燃起熊熊大火，使殖民者畏惧后退。

马来西亚气候炎热多雨，扶桑长得花好叶茂，花除了红色以外，还有其他色泽。当地人叫大红色花"班加拉亚"。扶桑花到处可见，盛开的时候，近看红彤彤的花朵，在墨绿色的叶子相衬下，显得十分夺目，远看仿佛朵朵红云。

"美丽的头巾"——郁金香

郁金香原产地中海沿岸、土耳其和中亚细亚等地，是百合科多年生草本植物，全世界栽培品种约有8000多种。郁金香是荷兰、匈牙利和土耳其的国花。

荷兰现在已经成为世界上最大的产花国，主要有郁金香、风信子、百合花、生石竹、马蹄莲、鸢尾、一品红、仙客来等。荷兰被称为"郁金香之国"。

荷兰原来不产郁金香，最早是从土耳其引进的。相传，在16世纪时，一位奥地利驻土耳其使者，看到了颜色艳丽的郁金香，就把一些球茎带回维也纳，而奥地利宫廷中的一个荷兰花匠又把它带到了荷兰，结果荷兰人看到了这种鲜艳、华贵而幽雅的郁金香，爱得简直发了狂。

1634年，荷兰种植郁金香已到达狂热的程度。据史料记载，人们把财产贱卖变成现钱，投资郁金香。在阿姆斯特丹的一条街上，有幢房屋墙壁上嵌有一块石板，镌刻着下面几个字："此屋出售，价3枝郁金香。"种花人家也不吝惜1000英镑买一个花头。有人为了买一个名贵的品种所花的代价是：麦24担、谷48担、公牛4头、肥猪8头、山羊32头……还有许多衣服和金饰，总值在2500荷币以上。后来，由于郁金香天生的魅力，每当情人节、复活节和母亲节以及喜庆日子的到来，人们仍以郁金香相赠，表示祝贺，刺激了花农生产的积极性，产、供、销又兴旺起来。

郁金香的鳞茎扁圆锥形，茎叶光滑带白粉，叶子卵状或长椭圆披针形，有3～5枚。每年3—5月，花开茎顶，白天亭亭玉立，像个洋红的大酒杯，阴天和傍晚闭合，基部常带黑紫色，花谢雌蕊发育成蒴果。

郁金香的花朵由6片花瓣组成，花形有的像杯、碗，有的像卵形、球状，有的像百合花，有的像重瓣花。花色有白、粉红、洋红、鲜红、黄、橙、黑、紫等，还有单色和复色的不同。

郁金香一词，是土耳其语"头巾"一词演变而来的。因为它的形状好像伊斯兰教女人包着的头巾一样美丽。所以，土耳其人对郁金香喜爱之情，也不亚于荷兰人。

荷兰是生产和出口花卉最多的国家，阿尔斯梅尔是世界最大的花卉市场。每年9月，阿尔斯梅尔都要举行一次世界最大的花展。那时候，几百艘装满鲜花的船只排列成行，驶向花展地，络绎不绝，宛如花的海洋。

红艳似火的石榴花

石榴是石榴科落叶灌木或小乔木。原产伊朗、阿富汗等西亚地区，又叫丹若、沃丹、金罂、天浆和安石榴。

古书记载，石榴"本出涂林安石国"（安国，今布哈拉，石国，今塔什干），汉张骞使西域得其种以归，故名安石榴。"何年安石国，万里贡榴花，迢递河源道，因依汉使槎"，唐代诗人元稹说的就是石榴来自他乡。

石榴原产伊朗及其附近地区，是石榴科落叶灌木或小乔木，在热带地区是常绿植物。

石榴花开时节，万绿成荫，芳菲渐寂，石榴万千花朵，蕊珠似火，仿佛火焰烧枝，显得分外妖娆，惹人喜爱。

"五月榴花照眼明"，说的是石榴红艳艳的色泽。其实，石榴花还有粉红、纯白、橘黄和玛瑙等色，还有红花白边和白花红边的名贵品种。

石榴经过几千年的培育，形成了果石榴和花石榴两大类。观赏用的花石榴，大多是复瓣花，以花取胜，一般不结实。例如重台石榴，中心花瓣密集突起，层叠如台，花形硕大，蕊珠如火，耀人眼目。重瓣白色大花的千瓣白，花期特长，5—7月都可开花。火石榴花开似火，十分鲜艳。四季开花的月季石榴，花期主要是夏秋两季。并蒂榴的枝梢生花两朵，并蒂而开，对对红铃，引人流连。

食用的石榴大多是单瓣花，一般都能结实。安徽的玉石子石榴，果皮薄，子粒大，粒核小，水分足，味甜美。山西的三白石榴，花瓣、果皮、子粒都是白色，液汁甘甜似蜜。陕西的天红蛋石榴，枝干、花朵、果实，都是红色，十分鲜艳，素以果大、子多、香甜、味美著称。

石榴喜光线充足，温暖气候，对土壤不苛求。一年可发2～3次新梢，平原山地都可栽植。石榴寿命较长，可达数百岁。用种子播种时，10多年才开始结果，用扦插、压条或分株繁殖，3年后就能开花结果。

西班牙人不仅欣赏石榴花的美丽形状、大红鲜艳的色彩，而且还把它看做是富贵吉祥的象征，因此把石榴花誉为国花。在西班牙国徽的盾徽底部，是一个白底绿叶相衬的红石榴，这是王国的标志。

西班牙海滨城市的公园、花园里，乡村、城镇的房舍前后，甚至高原山地，到处可见石榴花的踪影。每当仲夏时节，大地一片葱绿，那红得像一团团火焰的石榴花把山河和城市装扮得更加娇艳多姿。

"母亲节"与石竹花

石竹花是石竹科多年生草本植物，原产亚欧温带，分布广泛。我国东北、西北和长江流域的山野，都有野生。它又叫洛阳花，全株粉绿色，长30～40厘米，叶对生，线状披针形，夏季开花，花瓣5枚，红、淡红和白色，尖端有浅齿裂，萼下有尖长的苞片。

石竹花耐寒不耐酷暑，喜排水良好的肥沃土壤。石竹花的变种，花白色到紫红，还有斑纹或变色等品种。像花大而奇特、花瓣裂成细线条的羽瓣石竹，花大、花色丰富、艳丽如锦的锦团石竹等，都是名种佳品。

石竹科的同属花卉有：须苞石竹、常夏石竹、少女石竹、香石竹等。

香石竹原产南欧，它又叫康乃馨，古希腊人称它为"神花"。现在通用的康乃馨，古法语是指一种色泽，当时它只有一种肉色的花。古罗马人用康乃馨编制成花环，戴在头上，因此美国人认为加冕是康乃馨的引申。

1906年5月9日，美国费城妇女安娜·查维斯的母亲不幸逝世，她悲痛万分。在第二年的母亲逝世周年纪念会上，安娜倡议每年规定一天来感谢母亲的伟大。后来，她到处讲演，并向人们大量写信，号召确立母亲节，终于受到人们广泛赞扬和支持。

美国西雅图长老会带头进行颂扬母亲的活动，并用安娜的母亲生前酷爱的石竹花作为母亲节的象征。每年5月，石竹花盛开，仿佛母亲不辞劳苦养育着子女。人们普遍佩戴石竹花，戴白花的比做自己的母亲已去世，佩红花的表示自己的母亲还健在。作家马克·吐温曾经代表全美人民写信给安娜说："在我的余年里，将佩带母亲节纯洁和爱情的标志——白色的石竹花。"

1914年5月7日，美国国会通过决议，确定每年5月第二个星期日为母亲节。美国总统于同年5月9日颁布命令实行，并建议在那天全国都要悬旗庆祝。

世界各国也先后规定了一年一度的母亲节，只是日期各有不同。阿拉伯国家的母亲节在3月21日，泰国是10月5日，葡萄牙为12月8日，印度尼西亚是12月22日。

石竹花还是捷克、摩洛哥和葡萄牙的国花。

高洁清雅的热带兰

全世界约有1万多种兰花，根据产地和生态习性可分为地生兰和气生兰两大类。我国的兰花都是地生兰，多分布在云南、广东、福建、浙江和四川等地的山区。亚洲、美洲和非洲等热带亚热带地区以及太平洋岛屿上的兰花都是气生兰，一般生长在腐朽的树洞和腐殖质丰富的悬岩上，如著名的鹤顶兰、安兰、禅兰等。气生兰的特点是开的花大，开花期长，大部分是热带兰花。

许多国家以热带兰为国花，例如哥伦比亚国花卡特莱兰花，委内瑞拉国花五月兰，巴西国花毛蟹爪兰，巴拿马国花鸽子兰花，斯里兰卡国花星兰花，缅甸国花东亚兰，塞舌尔国花凤尾兰，新加坡国花卓锦·万代兰。

哥伦比亚地处热带和亚热带，土壤肥沃，气候温和湿润，特别有利于花卉生长。那里有上万种花卉，其中兰花就有2000种，卡特莱兰花是哥伦比亚国会在1937年确定的国花，它生长在安第斯山脉海拔1000～2000米处。卡特莱兰花开放时节，清香阵阵，沁人心脾。

委内瑞拉生长许多种野生兰花，被誉为"兰花之国"。有一种名叫五月兰的野生兰花，学名卡特利亚·莫斯亚。这种兰花，美丽多姿，高洁清雅，芳香四溢，深受委内瑞拉人喜爱，被誉为"神奇、梦幻般的花朵"。

巴西有一种叫毛蟹爪兰的热带兰花，形大而美丽，花瓣坚实俊艳，颜色富有变化，黄绿色花瓣上有紫色斑纹，白色唇瓣上有黄色条纹，色泽和谐，相映成趣，而且幽香清远，令人喜爱。巴西人把它看做高瞻远瞩、坚毅刚强、不畏困难的象征。

斯里兰卡人用兰花编成花篮或花环，送给最尊贵的客人。政府的首脑出访，有时还随身带上国花星兰花，用来献给所访问的国家领导人。

缅甸盛产兰花，品种多达600多种。其中，东亚兰是缅甸的国花。它花大色丽味香，为群芳之首。

　　东南亚人称兰花为胡姬花。1981年4月16日，新加坡政府宣布将一种叫卓锦·万代兰的兰花定为国花。同时为国花设计出了标志，并举办了庆祝国花活动周。卓锦·万代兰是由西班牙园艺师艾尼丝·卓锦培育成的，1893年，新加坡植物园为了纪念她，把这种兰花命名为卓锦·万代兰，它既有音译，又有意译，有卓越锦绣、万代不朽的意思。

香气袭人的丁香花

坦桑尼亚以产丁香著名，产地主要分布在桑给巴尔岛和奔巴岛上，有"丁香之岛"的称誉。

丁香是坦桑尼亚的国花，是桃金娘科的常绿乔木，树高7～12米，新品种高达20米，树冠呈球状，枝叶繁茂。它同我国常见的观赏植物紫丁香（又叫丁香，是木犀科的灌木或小乔木）不同族。为区分同名的两类植物，我国习惯上叫前者为"洋丁香"。

丁香的故乡是印度尼西亚的马鲁古群岛，那里盛产各种香料，有"香料之岛"的美名。据记载，汉代时，爪哇的使者来到中国，就随身带着丁香，在拜见汉代皇帝时，嘴里含着丁香，满屋飘香，使群臣都感到惊讶。

17世纪，荷兰殖民者侵占马鲁古群岛后，垄断了丁香的生产和出口。法国殖民者为了牟取暴利，设法从岛上偷出一些丁香树苗，移植到毛里求斯、留尼汪岛、桑给巴尔岛和奔巴岛等地，从此打破了荷兰的垄断。

19世纪，桑给巴尔统治者苏丹王强迫大量奴隶大规模开辟丁香种植园，种植了几百万株丁香树，从此桑给巴尔成了丁香岛。后来，由于飓风袭击，丁香树遭到了毁坏，加上虫害，只剩下100多万株，而奔巴岛却发展到360多万株，为丁香的主要产地。丁香岛上，遍布丁香林，郁郁葱葱，仿佛是碧海中镶嵌着的一块绿宝石。

丁香树叶革质，呈卵状长椭圆形，对生。每年2月前后，枝顶上挂满一串串球形的花蕾，青翠欲滴，成熟时变成了红花、紫花和黄花，花繁色丽，香气袭人。

每年2月和8月，丁香花含苞欲放的时候，人们聚集到岛上去采摘鲜红的花蕾，晒干后集中到桑给巴尔港出口，销往印度、印度尼西亚、新加坡和美国。

收获季节，在丁香林旁，椰树林里，到处可见临时工棚，公路两旁，到处铺着席子，晒着丁香。人们以丁香林为家，边采摘，边晒干，边送往收购站出售丁香。来自国内外的游客络绎不绝，来观赏丁香丰收的情景，享受一下满林飘香的乐趣。

坦桑尼亚的丁香除供观赏外，最重要的是它的经济价值。丁香又叫"丁子香"，它含挥发油，采摘晒干后，经过精选，加工干馏，成为丁香油，是世界名贵的香料，是医药、食品和化妆品工业的重要原料。丁香花蕾叫公丁香，中药用它治胸腹胀闷疼痛等症，还有驱虫作用。

报春花仙客来

仙客来是报春花科多年生草本植物。它那优美的姿态，反卷的花冠，花形奇特，像飞舞的蝴蝶，又像飘洒的绸巾，引人入胜。它有点像兔子耳朵，像一顶帽子，因此又叫它兔子花、一品冠；它叶子像秋海棠，扁圆的球茎又像一个紫萝卜，又叫它萝卜海棠。

仙客来属植物约20多种，主要栽培种有欧洲仙客来、地中海仙客来，小花仙客来和非洲仙客来等。欧洲仙客来原产欧洲，花洋红色，带有香味；地中海仙客来产于地中海沿岸，花红色，茎部有深色斑点；小花仙客来产于希腊，花红色或白色，较小；非洲仙客来产于非洲，花粉红色。

仙客来有20多种，主要栽培有欧洲仙客来、地中海仙客来，小花仙客来和非洲仙客来等。欧洲仙客来原产欧洲，花洋红色，带有香味；地中海仙客来产于地中海沿岸，花为红色；小花仙客来产于希腊，花红色或白色，较小；非洲仙客来产于非洲，花粉红色。

仙客来株高20～30厘米。是低温花卉，喜冷凉湿润气候，能耐0℃低温。它最怕炎热的夏天，天气炎热的时候，停止生长，呈半休眠状态，最适宜的温度是15℃～18℃。

圣马力诺的国花是仙客来。那里是典型的地中海式气候，夏季炎热干燥，冬季温和湿润。但是，由于圣马力诺是个山国，地势较高，气温要低一些，夏季不很热，冬季却显得凉爽一些，因此，这种气候正是仙客来繁殖生长最理想的环境。

冬春两季是仙客来的花期，一般11月出现蕾，12月见花，第二年2月间开花最旺，壮年的老球每球可开花30～40朵，最多可达60朵，盛开时，群葩竞放，盛极一时。

仙客来的花色有红、白、粉红、紫红、深紫、橙黄和白边紫心和粉边紫心等多种。色彩和谐，别有风趣。

仙客来性喜湿润，温度保持在15～20℃左右才能很好生长，因此，我国各地采用温室栽培。繁殖仙客来，一般用播种法，也有用球茎做无性繁殖的。

仙客来开花时正值少花之际，花期较长，花团锦簇、烂漫多姿，绚丽夺目，特别是在风雪严寒的冬天开花，盆花点缀案头，满屋生春，那诗情画意，令人心旷神怡，不是春天胜似春天。

"高山玫瑰"杜鹃花

　　杜鹃花，又叫映山红、满山红、惊羊红、红踯躅、山石榴，是杜鹃花科常绿或半常绿灌木，一般树高1～2米，大杜鹃树高10～13米，最高达20多米。花有殷红、粉红、嫩紫、粉白、浅绿等色，花色鲜艳，绚丽多彩，有"木本花卉之王"的美称。

　　山国尼泊尔位于喜马拉雅山脉南坡，气候和植物垂直分布。每年春夏之交，漫山遍野的杜鹃花盛开，五彩缤纷，艳丽异常。特别是长在地势较高的高山林间旷地的高山杜鹃，更是瑰丽多姿，尼泊尔人叫它"拉里格拉斯"，意思是高山玫瑰。把它作为美好的象征、吉祥的预兆。

　　杜鹃花具有品种多、开花早、花色全、花期长和容易繁殖的特点。尼泊尔的地势从北到南像一座陡梯，依次排列有几个梯阶：严寒的雪山地带，较寒冷的北部地区，凉爽的中部河谷，类似热带气候的湿热的南部平原。这样的地势和气候非常适合杜鹃花的生长，也成了一座巨大的"高山花园"。一年四季，一株株、一片片的报春花、杜鹃花、百合花、龙胆花、天竺葵等，万紫千红，引来蜂飞蝶舞，生机盎然。阶梯式的地势，看上去高处白雪皑皑，低处是翠谷和明镜般的湖泊，红花、白雪、绿树、碧水，相映生辉。尼泊尔被誉为"花的世界"、"世外桃源"。

　　杜鹃花是世界著名木本花卉，主要分布在亚洲、欧洲和北美洲。全世界的杜鹃花约有850种。中国是杜鹃花的原产地，云南西北部的横断山脉更是杜鹃花群芳荟萃之乡，也是杜鹃属植物的分布中心和发祥地。那里处处是漫山遍岭美丽的杜鹃花，整片整块，有的绵延数十里，穿着民族服饰的青年男女，行走在杜鹃花丛中，时而像从绿茵中闪过，时而像在花丛中浮沉，美极了。

　　我国从云南到广东，从福建到东北，到处是一片杜鹃花的海洋。每年清明时节，杜鹃花开，祖国大地仿佛披上了大幅烂漫的织锦，红遍万山，绣满大地，把江山装扮得更美丽多娇！难怪人们要叫它"映山红"了。

杜鹃花的花冠呈阔漏斗形，春天开的大多为单瓣和双瓣；夏天开的大多为复瓣片，2～16朵，簇生在枝端。杜鹃花性喜凉爽湿润的气候，多生长在丘陵地带的稀疏灌木丛中，喜酸性土壤，是酸性土壤的指示植物。

现在，世界各国都广泛栽培杜鹃花，美国和加拿大人喜欢在门前屋后种上几丛杜鹃花，每逢花开之日，常常邀请亲友前去品评观赏。毛白杜鹃、映山红等原产中国，石岩杜鹃、皋月杜鹃原产日本。欧洲荷兰、比利时等国以羊踯躅为亲本，培育成西洋杜鹃系，品种较多，有橙、黄、朱等色泽。此外，还有春鹃和夏鹃等品种。

1980年，中国科学院昆明植物研究所的科研人员先后两次前往云南腾冲林区，穿越了亚热带常绿季雨林，终于在海拔2400米的密林深处发现有数十株杜鹃花树，高20米左右。那些浓密的绿叶树冠的间隙中，小枝顶呈现出一簇族的红晕，艳丽的杜鹃花正在怒放。这证实了中国是杜鹃属植物的分布中心。

杜鹃花不但花美，而且有实用价值。杜鹃的根、叶、花都可药用。红花去心，拌炒鸡蛋吃，有健胃、益气和养颜的功效。它的挥发油含有杜鹃黄酮，有止渴功效。黄杜鹃虽有毒，却能治风痹恶疮，还可制作杀虫剂。

杜鹃花开，正是江南农村割麦插禾季节，常闻杜鹃鸟鸣声声。人们联想翩翩，说杜鹃鸟啼血化为美丽的杜鹃花。其实，杜鹃花和杜鹃鸟毫不相干，这只是一种神话传说罢了。

同属罂粟的虞美人

虞美人是比利时人喜爱的花卉，它是罂粟科一年生草本植物，别名丽春花、赛牡丹、锦被花、蝴蝶满园春。

虞美人同罂粟是姐妹花，同属于罂粟科，但它不含鸦片酊，外形也有不同的地方，罂粟花全株光滑，叶呈椭圆形或长卵；虞美人全株有粗毛，叶作羽状分裂或全裂。

每年5—6月，虞美人便开始开花。花单生于茎的顶端，花苞呈椭圆形；待到花开时候，花茎便一反常态，昂首向上，苞蕾张扬，花儿绽开。两枚生有刺状毛的白线镶边的绿色萼片，原是保护花蕾的，这时候便很快脱落了。

虞美人的花瓣共有4片：两大两小，巧妙地镶嵌在一起。花的颜色鲜艳多彩，有朱红、紫红、深紫、白色和粉红，瓣端闪现白色的光彩，加上瓣基的深色紫斑，更为花儿增添俏美。变种有白边红花和红边白花等间色品种。

虞美人除单瓣花外，还有重瓣品种。由于它的花朵显得较大，而它的花茎却十分纤细瘦弱，因此微风轻拂，它就显得头重脚轻的样儿，飘曳不停，仿佛弱不禁风的美人，煞是迷人。

虞美人每一茎顶，只着生一个花蕾，绽开时间只有两天左右，可是茎数却较多，花蕾也多，花开花谢，持续不断，繁花朵朵，一派喜人的热闹景象。

蒴果呈截顶球形，成熟时，在它的辐射状柱头的下方，有一轮孔裂容易裂开。种子很小，肾形，数量很多，只要风儿吹摇，便从孔中撒出去。

虞美人的栽培不难，种子采收后，于当年9月初直播园地，出苗后移于小盆，待长出真叶4枚时脱盆下地。它对土壤、肥料的要求不严，性喜

青少年自然科普丛书

qingshaoniancirankepucongshu

阳光，能够耐寒，不适宜于高温多雨的季节。我国各地都能见到它那姿色秀丽的倩影。

关于虞美人花名的来历有这样的传说，当年项羽和虞姬兵败垓下时，四面楚歌，虞姬拔剑自刎，顿时血流如注，香消玉殒。传说，虞姬的血洒落地上，地上就长出了一种鲜红的花，人们就叫它虞美人。

虞美人除观赏外，全草都可入药。将花煎服或冲茶饮服，可治疗咳嗽；果实可用做止泻剂。

花期短促的樱花

樱花为蔷薇科落叶乔木，花极美丽，是著名的观赏植物。日本因盛产樱花被誉为"樱花之国"。

樱花在日本有1000多年历史。据说曾有一位聪明美丽的姑娘，名叫木花开耶，意思是樱花，她从日本的冲绳出发，经九州、关西、关东、到达北海道，把象征爱情和希望的樱花撒遍各地。从此，樱花由南向北依次盛开，永不衰败。

樱花为落叶树木，树木高矮因品种而不同，矮的只有一二米高，高的高达20米左右。如不是开花，很难分清它们是不是樱树，因此谚语说："樱由花显。"樱花开放的时间很短，盛开期一般只有6～7天，所以又有"樱花七日"之谚。樱花不是一次开完，而是分轮逐渐开放，一棵樱树从花开到花落，大约要16天左右。

日本樱花种类繁多，有山樱、里樱、染井吉野樱、彼岸樱、枝垂樱、大岛樱、霞樱、绯寒樱等300多种。自明治以来，染井吉野樱独占群樱魁首，称为"樱女王"，成为东京的市花，也是日本樱花的代表。

在日本，樱花开到哪里，哪里就叫做"樱花前线"。樱花前线大约以每天20公里的速度向北移。如果人们从南往北，次第看起，可以连续观赏半年左右。

观樱是日本人的传统节日活动，每逢樱花盛开的时候，不论贵族还是平民，都要选择一个樱花盛开的日子，扶老携幼去公园或野外赏樱，并举行花会、花宴、花舞，从白天玩到深夜。夜幕降临了，在灯光照耀下，樱花更显露出一种迷人的美姿，这就是著名的夜樱。日本有一首脍炙人口的古老的《樱花谣》："樱花，樱花！暮春三月，开满晴空，一望无涯；花香四溢，如云似霞。去呀，去呀！同赏樱花！"

在5月花开季节，到东京上野公园观赏樱花的人群，最多时一天达70

多万人，可谓举国若狂了。现在，日本政府每年都要在八重樱盛开的东京新宿公园举办观樱会，招待外国使节和社会名流。

　　日本人如此热爱樱花，因为樱花早早地带来了美好的春光，人们喜欢樱花，还在于它已经同人们的生产、生活和感情融合在一起：花开花落预示着春播、秋收时令的到来；樱汁、樱叶、樱花、樱木，是常见的药材、食品、家具和木雕的良材。

朝开暮落的木槿花

朝鲜人喜欢在自己庭院花园里种植一些木槿花，把它看做自己民族的骄傲，称它为"无穷花"，认为它象征美丽和幸福永存，以及坚毅不屈的精神。

木槿、扶桑和木芙蓉是三姊妹花，同是锦葵科木槿属，落叶小灌木或小乔木。

木槿高2～6米。小枝褐灰色，幼时密被绒毛，后渐脱落。花单生，有短梗，花色丰富，有紫、白、红、淡紫等色。花朵晨开暮落，因此有"朝开暮落花"之称。花期很长，5～10个月，花开不绝。从炎夏到深秋，正是少花时令，木槿却繁花似锦。

我国种植木槿花已有3000多年历史。《诗经》中说，"有女同车，颜如舜华"，将木槿花比做美女来赞颂了。

木槿花性强健，喜光和温暖湿润的气候，耐干燥和贫瘠土壤，能抗氧化氢等有毒气体。我国各地园林、厂矿和农村，作为花篱已广泛种植。槿篱长得密密繁繁，宛如天然围墙，花枝招展，绿叶相映，色彩诱人，春绿秋黄，既幽雅又别致。

木槿有很高的经济价值。白花可食用，烹调做汤，味道很好，有名的朝鲜木槿豆腐汤就是把它加在豆腐里做成的。还可用它调拌葱花、粉糊，加以油炸，也很可口，因此它又叫"面花"。嫩叶还可替代茶叶泡饮，也可用做饲料。它被称为开不败、摘不完的"茶树"。

叶汁能够去污垢，可以用来洗头发；叶汁加上10倍多水，喷洒棉株，可以杀灭棉花上的蚜虫。树皮煎汤后可洗涤顽癣，有止痒灭菌作用。花有润燥、活血、除湿热、利小便的功效，又能治疗痢疾。

木槿又叫木锦、荆条、碗花麻、芙蓉麻等，这是因为它的花朵似碗，又像芙蓉，而皮像麻的缘故。木槿的枝条，柔韧难折，内皮多纤维。在农村中，农民大多在夏天或秋天将树皮剥下，浸泡在水中，经过一个多星期的发酵，然后用清水洗涤干净，取出其中带有丝光的纤维，这种纤维的韧力，同黄麻的纤维相同，是制造人造棉、搓制绳索或造纸的一种好原料。

木槿花可作园林观赏花卉，也是一种良好的绿化树种。人们用棕丝、细绳将柔软的细枝扎成花篮、筛子等各种形状，来美化园林。

似蝶飞舞的鸢尾花

欧洲人把鸢尾花叫做"法兰西百合花",所以不少人称法国国花为百合花,其实鸢尾和百合是两个不同的科属。

鸢尾花是鸢尾科多年生草本植物。根茎葡匐节,节间短。叶剑形,交互排列成行。花茎与叶同高,总状花序,春季开花,花1~3朵,蝶形,花蓝紫色,又叫蓝蝴蝶、蝴蝶花、铁扁担。

鸢尾科植物,全世界约有60属1500种,广泛分布在热带和温带地区。鸢尾原产我国中部,云南、四川及江苏、浙江一带都有分布,生长于海拔800~1000米的灌木林中。

鸢尾的同属还有:香根鸢尾、德国鸢尾、花菖蒲、黄菖蒲、溪荪、西伯利亚鸢尾、马兰等。德国鸢尾原产欧洲中部,花色有白、黄、淡红、淡紫等色,多数是杂交品种,根茎可提炼芳香油,用于化妆原料。

香根鸢尾原产南欧及西亚,花淡紫红色,也有白花品种,它酷似一只飞舞的彩蝶,又像一只飞翔的纸鸢。根茎是提炼芳香油的原料。法国人尊它为国花,据说用以象征民族的纯洁和庄严。

法国以鸢尾花为国花,寓意有三点:一是象征古时法国王室的权力。从12世纪起,在法国国徽上便绘有鸢尾的图案。法兰克王国的第一个王朝——墨洛温王朝的第一代国王克洛维(481—511年)施洗礼时,上帝送他一朵鸢尾花。后来法国人为纪念始祖,便把这种花作为国家的标志。法国国王路易六世,将金百合花作为他的印章和铸币的图案。路易八世用金百合花的图案来装饰他蓝袍的边缘,他穿着蓝袍去参加授任国王的仪式。

二是宗教上的象征。1376年,法王查理五世(1364—1380年)把原来国徽图案上的鸢尾花改为3片花瓣,意味着基督教的圣父、圣子和圣灵三位一体。

三是法国人用鸢尾花表示光明和自由，象征民族纯洁、庄严和光明磊落。

法国人称鸢尾花为"金百合花"。作为装饰的金百合花图案，在法国的手工艺饰品、印刷品、市场、商店、广告以及其他地方都可以见到，而且是经过政府统一设计的3枚花瓣，其中一片垂直，两枚各向一边垂落，下端有一个水平带，将花瓣连在一起。

鸢尾花粗看是花瓣3枚，但仔细观察，它有6枚花瓣。原来，6枚"花瓣"分为内外两层，那外边的3枚瓣却是萼片，是保护花蕾的，它们长得同花瓣相似，人们往往认不出来。外列花瓣的中央有一行鸡冠状白色带紫纹的突起。而花的心房深处，还有3枚长舌形的花瓣，是雌蕊变成的。香根鸢尾的花瓣，有半数向下翻卷，而百合花的花瓣，却全都是向上翘起的。

香根鸢尾花是法国著名的观赏花卉，将花茎插在花瓶中，它次第开放，翩翩似飞蝶，受人欢迎。它的地下茎可提取珍贵的香精，具有诱人的紫罗兰香味。如果把根研成粉末，是一种上等香粉。

青少年自然科普丛书

植物世界

茉莉花与素馨花

茉莉花、素馨花都是木犀科的常绿灌木，但不同属。菲律宾尊茉莉为国花，巴基斯坦尊素馨为国花。

茉莉原产何地，说法不一。有人说，它原产印度，汉代时，自亚洲西南地区传到中国，"风韵传天竺，随经入汉京"，天竺就是今印度。也有人说，茉莉原出波斯，是由西域传到中国的，"西域名花最孤洁，东山芳友更清幽"。西域名花就是指茉莉花。我国最早移植茉莉花的是海南地区，《南越行记》中记载着汉代陆贾出使南越，携茉莉花苗归来，种植于南海的事。后来，扩大到广东、云南等地。现在，种植最广的要算苏州、广州、福州和杭州等地了。

茉莉是译音，梵语叫末利。它还有许多译名：没利、抹厉、末丽、抹丽等，"抹丽"倒很确切，说它是"众花之冠"，能够掩盖他花。

茉莉单叶对生，叶片椭圆形或宽卵形，有光泽。花白色芳香，花瓣有单瓣和重瓣两种，花期很长，从夏季开到秋季。一般分三期：五六月间开的花叫霉花，七八月间开的花叫伏花，九十月间开的花叫秋花。以伏花的品质最好，开花也最多。一般不结实，用扦插繁殖。

我国培育的茉莉，常见的有两种：浙江茉莉枝高，花大香味淡；广州茉莉枝矮，花小而繁，香味浓郁，清风徐来，满室飘香。我国培育的新品种重瓣的"宝珠"茉莉花，最为名贵，花瓣重重叠叠，密不见心，产量高而香味浓。

茉莉是热带和亚热带长日照偏阳性植物，喜热，好水，耐肥。夏季时，花蕾在高温下形成，就要阳光——大热；由于蒸发旺盛，需要不断浇水——大湿；催孕花蕾就得施浓磷肥——大肥。当然也要有个适度。

茉莉花状如圆珠，浓香添媚，是妇女们喜爱的装饰品。妇女喜用茉莉花簪在发髻旁；将茉莉花编扎成球，挂在衣襟上。有的将茉莉花装在小花篮里，挂在蚊帐内，让香气伴着自己入梦乡。

茉莉花是花茶和制作香精的上等原料。苏州虎丘山麓、七里山塘，茉莉遍野，苏州花茶名扬世界，被称为"茉莉花城"。用茉莉花提取的茉莉油，是制造香脂、香精、香皂的原料。茉莉花可以做菜煮汤，还可以入药治病。

菲律宾是热带雨林气候，热带植物近万种，整个国家仿佛一座天然的花园。茉莉花种植很广，人们钟爱它的纯洁、幽香，叫它"三巴吉塔"。这是青年男女表示爱情的用语，意思是"我们誓约"，所以茉莉花也叫誓爱花。

每当鲜花盛开的时候，菲律宾的姑娘们都要戴上茉莉花扎结的花环，唱起赞歌，互相祝贺，并把它送给自己的意中人。平时，妇女们也常把一串串茉莉花装饰在发髻和衣扣上。在国际交往中，主人常把茉莉花环亲手挂到贵宾颈项上，以表示友好和敬重。

菲律宾每年都要举行一次三巴吉塔花庆祝活动。花节的重要项目是选花皇后，花节一般从晚上7时开始，持续到深夜才尽兴结束。

素馨的变种有多花素馨、黄素馨和大花茉莉等。多花素馨木质藤木，小枝下垂，花内白外粉，芳香，圆锥花序，花冠高脚碟状。黄素馨又叫金茉莉、浓香探春，常绿灌木，聚伞花序，花极香，四季开花。大花茉莉枝柔似藤。叶为子叶的奇数羽状复叶，花蕾带紫红色，开花后洁白如玉，香味浓甜，很有发展前途。法国、意大利、摩洛哥、埃及等国已大量栽种，我国也已引种培植。

生命力很强的菊花

地球上约有40多万种植物，其中被子植物占绝大部分，约达30万种。

在30万种被子植物中，根据花的构造特点，又可分为300多个科，10000多属。其中，菊科植物是第一个庞大的家庭，约有1000属，多达3万种左右。

菊科植物对环境的适应性强，所以分布很普遍，就是在非常干旱的沙漠里以及5000米高山上也有分布。它们绝大多数是草本植物，有多年生或一年生的，只有少数是藤本、灌木或乔木类型。非洲乞力马扎罗山区有大片的菊科树林，高达几米，树干也粗，花像狗舌草那样，成为世界植物奇景之一。

矢车菊为一年生草本植物，高90厘米左右。叶互生，基生叶狭长椭圆形，全缘或羽状深裂，茎上、中部的叶线形，全缘或有锯齿。

夏季开花，矢车菊顶生头状花序，它的中部全是管状花，经过昆虫传粉授精以后，能结出种子来繁衍后代。在管状小花的四周是一轮舌状花，有紫蓝色的、淡红色的，也有白色的，色泽虽然淡雅，却能散发出阵阵幽香，吸引昆虫前来采花传粉。

矢车菊原产欧洲。现在，世界各地都有栽培，供人观赏，用于花坛、花径，也可作切花，水养性能好。同属花卉有蓝矢车菊，株高60～150厘米，原产北美洲，花呈肉红色，有时带紫，有白色变种。原产欧洲的山矢车菊，株高35厘米左右，花蓝色，有白花变种。香矢车菊原产亚洲，株高70厘米左右，花白、黄或紫色，有芳香。

德国的山区、田野、路边，常常有野生的矢车菊繁殖。它经过人的栽培，花型变大、花色更美了。每年夏天，是矢车菊盛开的季节，从茎杆的顶端伸出盘状的花朵，迎着太阳怒放，五彩缤纷，紫的、浅蓝的、蓝紫的、深紫的、雪青的、淡红的，还有重瓣的、半重瓣的，欣欣向荣，充满了活力。

矢车菊生命力强，种子能自播繁殖。它是欧洲著名花卉，有较高的观赏价值。它因绚丽的色彩和芳香的气味被德国人尊为国花，把它作为日耳曼民族爱国、乐观、俭朴等特性的象征。

雏菊是多年生矮小草本植物，簇生。叶多数基生，有的呈茶匙形，有的呈倒卵形。早春开花，叶从中抽出花茎，花单生在花茎顶端，头状花序，舌状花白色、粉红色或红色；管状花黄色。花型小巧，色彩和谐，充满情趣，逗人喜爱。

雏菊的园艺变种多为"重瓣"种。有平瓣重瓣种，舌状花平展、满心、花色有白、浅红及背深面淡的红花种；有卷瓣重瓣种，舌状花翻卷呈筒状，花深红、粉红和白色；有矮生的粉红卷瓣小瓣花种；有黄斑黄脉的斑叶种等。

雏菊花色繁多，花期很长，尤其在冬天少花季节，仍能茁壮生长。花开艳丽，娇小玲珑，为此深得意大利人的喜爱。

白菊，原产我国，久经栽培，品种很多。白菊花可供饮料用，中医学上以白菊、黄菊入药，性微寒、味甘苦，功能散风清热，平肝明目，主治感冒风热、头痛、目赤等症。

◎ 千姿百态 ◎

植物与人类能否"交流"？能否"对话"？有没有"精神感应"？只要你走近植物，用心去倾听，用心去观察，你就会发现植物的生命之谜。

植物的生命力

在我们这个星球上，没有什么比植物更可爱、更重要了。没有它们，人类也就失去了赖以生存的条件——氧气和食物。植物的每一片绿叶都在为我们从空中吸收二氧化碳，吐出新鲜氧气。我们的食物大都来自植物，只有一小部分才是取之于动物。其实，动物之能够生存也是多亏有了植物。

早在18世纪，著名的瑞典植物学家林奈就指出，植物与人和动物的区别仅仅在于前者运动相对缓慢。德国诗圣歌德也曾说过，植物不同于人类，它朝两个方向生长，一端似乎受地球吸引力的影响，朝地下蔓延；另一端仿佛因某种反吸引力的作用，朝天上伸展。

历史进到20世纪初，天才的维也纳科学家R·弗朗斯才提出这样一个思想：植物与人和动物一样，也能轻松自如、婀娜多姿地活动自己的身体，尽管速度缓慢得多。就拿一种名叫苜蓿的植物来说，当土壤干燥时，为了寻觅生存所必须的水分，其根部能向四周伸延达40英尺远，力量之大足以钻透坚硬的混凝土地段。

弗朗斯说，藤本植物为了托起自己沉重的主茎并不断地向上蔓延，总是伸出许多卷须朝四周，一旦发现支撑物，就紧紧地缠绕住它。认为植物不会运动，仅仅是因为人们没有花费足够的时间来观察它。

弗朗斯还提出，藤本植物总是朝离自己最近的支撑物蔓延。倘若这个支撑物被移走，藤本植物就会改变自己的前进方向，朝另一个最近的支撑物伸展。由此证明，植物的运动有其目的性，而目的性之强甚至为人类所不及。

攀缘而上的胡椒

胡椒是利比里亚的国树。胡椒原产印度，另一种药用胡椒——毕拔，原产印度尼西亚，同是胡椒科多年生藤本植物。

胡椒不能独立生长，但靠其强劲的攀缘能力沿着其他物体向上攀缘。它长达6米，茎圆形，茎节膨大，并有许多吸根。呈互生，卵圆形，革质，有5～7条大叶脉。夏季开花，圆锥花序，腋生，花序细长下垂，有黄白色花100多朵。浆果初时绿色，成熟后鲜红色，果实圆形，一穗可结50粒左右，它原是野生香料植物，生长在印度西海岸的山地。

公元初，胡椒由印度传到中国，当时用的是梵文的音译"毕拔"。明代，郑和下西洋时，曾到达柯枝国（今印度西南部），亲眼看到那是一个盛产胡椒的国家，并作了生动的记录：从航船上远远望去，就能见到一片长满胡椒的海岸，郁郁葱葱。这里的人民都靠种胡椒为生。

中古时代，阿拉伯人将胡椒传到欧洲，由于数量很少，价格昂贵，要用黄金来买，甚至干脆把它当做货币来流通。当时，人们估计一条货船所载的货物价值，总要看看船舱里装有多少胡椒。商人们甚至把钱袋叫做"胡椒袋"。

公元409年，西哥特人侵占了罗马，而赎回这个城市的代价是胡椒3000磅。

1462年起，葡、荷、英、法、德等国殖民者相继入侵利比里亚，掠夺胡椒和贩运黑奴。这一带成了著名的谷物海岸和胡椒海岸了。

种植胡椒的技术相当复杂，不仅要竖立一根根木桩或水泥柱，供胡椒的藤攀缘，而且它喜欢吃荤食，经常要施一些有机肥料，如鱼内脏、碎骨、虾米等，只有这样，才能盛开花朵，多结硕果。

胡椒栽培品种有大叶和小叶两种，大叶种叶大、果大，生长快，花穗少，但果实成熟期一致；小叶种叶小、果小，花穗多，但果实成熟期不一致，产量较高。

50年代，我国海南岛引进大叶种胡椒栽植，现在广东、广西、云南等地都有大量栽培。

现在，栽种胡椒较多的国家有印度、越南、柬埔寨、斯里兰卡等国，印度尼西亚是世界上出产胡椒最多的国家，摩鹿加群岛有"香料之岛"的称号。

植物也有头脑

美国最著名的测谎器专家巴克斯特在给办公室里的一棵龙血树（类似棕榈树的热带植物）浇水时，他突然产生了一个奇特的念头，他想知道，此时的龙血树是否会有什么不同的反应。于是，他把测谎器的电极接在龙血树的一片叶子上。

使巴克斯特大为吃惊的是，当龙血树大量吸收水分时，电流计并没有出现电阻减少的迹象，尽管饱含水分的植物本应具有更强的导电性。相反，仪器记录纸上的信号开始减弱，出现平稳的锯齿状图线。

测谎器是警方用来协助破案的仪器。他们先将测谎器的电极接在嫌疑犯的身上，然后向他提出一系列问题。嫌疑犯的感情波动会在仪器记录纸上显示出强弱不同的信号，成为警方破案的参考依据。现在，巴克斯特把测谎器用于观测植物，结果表明植物同人类一样，也具有某种感情色彩。

威胁是促使嫌疑犯感情波动的最有效的手段。巴克斯特决定也在植物身上试一试。他先将龙血树的一片叶子浸入一杯烫咖啡中，可是反应并不强烈。接着，他决定采用一种更具有威胁性的手段，用火烧这片叶子。他头脑中刚一闪出这种念头，记录纸上立刻出现强烈的信号反应。难道植物能揣摩到他的想法？

当巴克斯特离开房间又带火柴返回时，记录纸上再次出现强烈的信号反应，显然这是他实施自己计划的决心所引起的。后来，当他假装要烧叶子时，龙血树却毫无反应。由此可见，植物还具有判别真假的能力。

巴克斯特真想跑到大街上向人们高喊："植物也有头脑！"然而他没有这样做，而是致力于自己的研究工作。他决心揭开植物思维之谜。在此后的几个月里，巴克斯特和他的同事一起对莴苣、洋葱、桔子、香蕉等25种以上的植物进行测试，结果和以前完全一样。其间，巴克斯特还发现植物不但能判别来自人类的威胁，而且对狗和其他动物的出现亦有反应。

巴克斯特认为这些植物的辨别力属于某种超感官知觉。

巴克斯特在耶鲁大学当众做过这样一个试验，将一只蜘蛛与植物置于同一屋内，当触动蜘蛛使其爬动时，仪器记录纸上出现了奇迹：早在蜘蛛开始爬行前，植物便产生了反应。巴克斯特说："显然，植物能够猜测蜘蛛逃跑的意图。"

巴克斯特还发现，植物一旦遇到重大危险，会像人一样地"昏厥"过去。一天，一位加拿大植物生理学家参观巴克斯特的实验室。当他走进实验室时，巴克斯特的测谎器突然停止信号显示。

巴克斯特问："你最近是否干过什么伤害植物的事情？"

"是的，"这位植物学家答道，"前不久，我在炉子上烘烤过植物。"

直到这位专家离开后，植物才"苏醒"过来，证据是测谎器重又出现了信号反应。

为了表明植物具有非凡的判别能力，巴克斯特曾当着《巴尔的摩太阳报》记者的面做试验。巴克斯特要求这位记者不管事实如何，只做否定的回答。接着，他开始询问记者的生日。他一连报出七个月份，其中一个与记者的生日相符，尽管后者均予以否定，但当那个正确的日期对上他心里想着的日期时，植物立刻做出明显的信号反应。

为了验证植物是否具有记忆力，巴克斯特还进行过这样一种试验：先将两棵植物并排置于同一屋内，然后从测谎器学校找来6名学员（他们大都是从事过多年侦破工作的警方人员）。这6名学员身穿一样的服装，并且戴上了面罩。根据巴克斯特的指示，其中一名学员当着一株植物的面将另一株毁坏。由于"罪犯"的脸部被面罩遮挡，所以，无论是其他5名学员还是巴克斯特本人，都无法弄清"罪犯"的身份。然后，这6名学员在那株幸存的植物跟前一一走过，当"罪犯"走到跟前时，植物在仪器记录纸上留下极为强烈的信号指示。

经过反复试验后，巴克斯特指出植物能与主人的思维产生共鸣。有一次，他到15英里以外的新泽西州去旅行，回来后他在仪器记录纸上看到植物曾一度兴奋，而这正发生他在决定返回纽约的时候。

音乐能促进植物生长

印度生物学家辛夫发现，音乐能促进植物生长。辛夫让一名叫库马里的印度艺术家用七弦琴对他花园里的凤仙花演奏一种叫"拉加"的乐曲。

这首乐曲经常在印度宗教祭祀活动时弹奏，曲调优美动人，常令听者如醉如痴。库马里吩咐每天对凤仙花弹25分钟的琴，连续15周从未间断。试验结果使辛夫大为吃惊，这些听"拉加"乐曲的凤仙花竟比邻近同类的凤仙花生长迅速，这些花的叶子平均比一般的花多长了72%，而且平均高度也增长了20%。

辛夫继续对不同种类的花和蔬菜做了相同的试验，这些植物每天在太阳升起前，都要"听"半小时曲调悠扬的"拉加"。几周后，声波能促使这些植物开花、结果和增加产量。

辛夫很想知道，音乐是否能刺激农作物提高产量。从1960—1963年，他在附近的七个村庄的田地里用仪器对六种水稻播放"拉加"乐曲，结果这些田里的水稻比其他田里的水稻的产量平均增长了25%至60%。他还以同样的方式使花生和烟叶的产量比一般田里的增长了近50%。

辛夫还意外地发现，音乐不仅能刺激烟叶的生长，甚至连烟叶的尼古丁含量都大大提高了。

美国一位叫多罗西·里特莱克的歌唱家发现，植物在"听"音乐时有各种特殊的反应。她做过一个有趣的试验，她把玉米、小萝卜、天竺葵等植物分别放在三间屋子里，让第一间屋子里的植物在沉默中生长；第二间屋里的植物每天让它们连续8小时不停地听一首F调的乐曲；第三间屋里适量给植物听几段优雅的音乐。

两周后，第二间屋里的植物枯萎了，而第三间屋里的植物非但没死，而且比那间在沉默的屋子里生长的植物要健壮得多。

里特莱克对这种结果感到迷惑不解，搞不清第二间屋里的植物是因为连续不停地听音乐感到"厌烦和疲乏"而死的，还是"精神发狂"而死的。

她的试验引起了美国坦普尔市比尔大学生物系两名学生的好奇心，他俩用了8周的时间对西葫芦做了类似的试验。他们在生长在两间屋子里的西葫芦旁边各摆了两台半导体收音机，分别对它们播放丹佛市广播电台传送的激烈的摇滚乐和优雅的古典音乐。

结果，听古典音乐的西葫芦的藤蔓朝收音机的方向爬去，其中一株甚至把枝条缠绕在收音机上和它"亲密地拥抱"。而听摇滚乐的那些西葫芦的藤叶却背向收音机的方向爬去，它们甚至想方设法爬上一扇堵住其去路的玻璃墙板，竭尽全力地想逃避这种嘈杂的声音。

这两个学生的试验启发了里特莱克，她用金盏花做了相同的试验，2周后，所有听摇滚乐的金盏花都死了。

18天后，里特莱克对两组金盏花的根进行了检查，发现死去的那组花的根长得稀稀拉拉，而另外那组花的根却长得粗壮发达，平均比前者长4倍，这说明刺激性的音乐和柔和的音乐对植物产生了截然不同的结果。

里特莱克和两名学生的试验一时轰动美国，许多热衷于摇滚乐的年轻人闻知后，深有感触地说："如果摇滚乐对植物都能产生致命的结果，对人又会怎样呢？"

人与植物的"精神感应"

近十几年来，生物学家对植物的研究揭示了植物的各种特异功能，它们不仅能像人类一样有喜、怒、哀、乐等各种感觉，而且还能接受人类的思维传感。国外不少生物学者已经利用这种人和植物之间微妙的"思维传感"，创造了一个又一个不可思议的奇迹。

20世纪50年代，科学家发现不仅人类会受放射性物质的影响，植物也不例外。

人们发现：对植物种子进行放射性处理能促进种子的发芽，而对种子所生长的土壤进行放射性处理，也能使种子达到同样的效果。

英国放射学家专家德·拉·沃尔在一次对土壤进行放射性处理的试验中，灵机一动，脑子中突然闪现出一个奇特的想法，种子除了在放射性物质的刺激下能加速生长外，是否还有什么其他别的"人为因素"。

他做了一个大胆的尝试，有意在几块有燕麦种子的地里掺进了一些未经放射处理的蛭石（蛭石须经放射处理后，才起放射作用）。然后对每天给麦地浇水的工人说，这些麦地中有些土里掺了蛭石，有些土里没有掺；并且让工人们产生蛭石已经经过放射处理的错觉。

沃尔惊奇地发现，被浇水工人误认为做过放射处理的那几块地里的麦种比其他几块地里的麦种发芽快得多。因此沃尔推断说：人的思维感应能力和放射性能量一样，都能影响植物的细胞分裂，这就意味着向植物"祝愿"，将促进它们生长。

沃尔的推论引起社会一片哗然。人们对此将信将疑。然而，加拿大的精神病专家格兰德做的一次试验表明沃尔的推论不无道理。

他让一男一女和两名精神病患者及一名年老的正常人各握一瓶封好的盛有无机盐的瓶子，然后把这些瓶里的水浇到播下大麦种的土里。奇迹出现了：用正常人握过的水瓶里的水浇过的麦种，竟然比精神病患者握过的水瓶里的水浇的麦种发芽要快。

更有说服力的是一个叫卡迪的英国前空军中队长和他一家，在苏格兰北部芬德霍恩湾一块贫瘠的土地上，用人的意念和良好的祝愿使这块不毛之地变成了绿洲，并长出了各种各样的蔬菜瓜果。

卡迪对"精神感应"的作用深信不疑。1962年他退役后带着妻子和3个孩子迁居到芬德霍恩，随行的还有加拿大学者麦克林。卡迪一家用一辆旧车厢在荒野上安了家。

后来卡迪一家在自己开垦的菜园里，用独特的方式种了65种蔬菜、21种果树、40种药材。与卡迪一家一起生活的学者麦克林经过长期观察认为：卡迪的成功表明，人的低落沮丧的情绪将对植物产生抑制作用；而高兴愉快的思维感应将对植物产生有益的作用。

如今，芬德霍恩这块地方已初步改变了昔日荒凉的景象，成为一个有一百多人的居民点。卡迪一家以一个面积9平方英尺的小菜园创造出奇迹的佳话不胫而走，现在，世界各地许多好奇的人每年都慕名来此参观，争相目睹这一人间奇景。

植物找矿

树木花草，不仅能够美化环境，使人赏心悦目，还能蓄水、调节气温、防止风沙，能起到净化空气、使空气保持清新之效果。

树木花草还有一种鲜为人知的本领：它能帮助人们寻找埋藏在地下的矿藏。

苏联地质学家曾在乌拉尔发现了一座铜矿，这座铜矿的发现并非地质工作者手中钻机的功劳，而是一种开蔚蓝色花朵的野玫瑰帮了他们的忙。研究土壤与植物关系的专家们发现，蔚蓝色的玫瑰正是铜矿石给花朵染上的颜色。

目前，地质学家已经发现有多种植物能够帮助我们寻找矿藏。

镍会使所有的花瓣都变成红色。所以某些花卉如果颜色异常地转红，那地下可能就存在镍矿；三叶矮灌木林能够证明土壤中有石膏；矮生的樱桃和刺扁桃之下可能有石灰石矿；有一种名叫忍冬的小丛树，它往往喜欢和金矿银矿伴生在一起。在一种土壤上可以长得很高，而在另一种土壤中则又长得非常之矮，这说明这两种土壤中含硼量高低相差悬殊。如果土壤上生长一种开黄花的蛇袋子植物，那就可以肯定是地下藏有铜、铅和锌。因为这些植物的生长需要地下的金属，因此它们是生长在有矿床的地区。

植物本身含有维持其生命所必需的矿物质。所以从植物的外表和成分中就可以帮助人们了解地下有什么矿藏。

有些植物不能在含某种矿物质过多的土壤中生长。于是有矿的地方这类植物就形成一片空地。地质学家可以根据这种异常现象找到矿藏。

会变色的花

　　俄罗斯著名疗养胜地索契的观赏园林里栽种着一种会变色的植物，名叫"维多利亚-库尔齐阿娜"。这种植物的花朵大小与小碟子差不多，花朵颜色还会变化。

　　清晨，花朵呈白色；中午，变成淡粉色；到傍晚，花朵的颜色竟成了深红色。等到第二天早上，它的花朵就不再是乳白色，而是紫罗兰色了。这花如此变来变去，直至凋谢。

天下第一大花

　　在常年葱茏的印度尼西亚苏门答腊热带雨林里，生长着一种世上罕见的大花——莱佛西亚花，当地印尼人称为"花中君子"，引起世界上许多植物学家的浓厚兴趣，纷纷前来观赏。

　　此花盛开时呈粉红色，有褐色斑点，5个大花瓣环抱着花心，显得格外瑰丽。花朵直径约1米，花心基部呈碗状，可容水8公升，被誉为天下第一大花。

　　莱佛西亚花属寄生植物，无干无叶，攀缘于山崖，靠根部汲取养料。这种稀奇大花，一般夜间开放，鲜艳的花朵伴随着晨曦迎来四面八方的游客。她花期不长，数日后即开始凋谢腐烂，并散发出一种奇臭难闻的腐尸气味。

　　莱佛西亚花喜炎热潮湿的气候，一般生长于深山密林水泽丰富的热带或亚热带地区。据说此花在欧洲南部地中海沿岸地区、美国加利福尼亚州、马来西亚和菲律宾偶有所见，但颜色和形状都不能与印尼的莱佛西亚花媲美。

会走路的树

　　南美洲生长着一种既有趣又奇特的植物，名叫卷柏。每当气候干旱，严重缺水的时候，它会自己把根从土壤里拔出来，摇身一变，让整个身体卷缩成一个圆球状。又轻又圆，只要稍有一点儿风，它就能随风在地面上滚动。一旦滚到水分充足的地方，圆球就迅速地打开来，恢复"庐山真面目"。根重新再钻到土壤里，暂时安居下来。如果，它又感到水分不足了，住得不能称心如意时，它又会继续地拔起根来，再过旅游的生活。

　　卷柏就是这样旅游着，有水就住下，无水就滚走，所以难怪有人称它为植物王国的"旅游者"。

"光棍树"的自我保护

在冬天，常常见到树叶落个精光，这是自然界的巧妙设计。因为冬天寒冷，阳光少，树叶的作用是进行光合作用的，到了这季节，它的作用降低了，正好这段时间是严寒、干涸的日子，树的本身在地下吸取的水分已经不足。如果有树叶来消耗水分及其他养分，便很难维持生命力，因此落叶是减轻负担的一种措施，到来年阳光雨水充足时，又长出新叶来……

但大自然的确是无奇不有的，有一种树，根本就不纳入上述的自然规律，不论全年任何季节，都呈现光秃秃的形象，不要以为这是枯树，实际上它是生机蓬勃的，这种树名叫"光棍树"，产于沙漠地区。

原来光棍树也有自我保护的作用，使一些吃叶的动物见到光秃秃的枝丫而不去光顾，减少了被动物吃掉的机会。

其实，这种光棍树的嫩枝能够代替叶子进行光合作用，通过吸取阳光的营养来壮强自己。那些看似枯萎的枝干，其实正是生机蓬勃的。

"吃人肉"的树

　　在非洲马达加斯加有一种吃人的树。它的形状像一棵巨大的菠萝蜜，高约10尺，树干呈圆筒状，枝条如蛇样，因此法国人称它为"蛇树"。

　　这种树极为敏感，当鸟儿落在它的枝条上，很快就会被它抓住而不见了。

　　美国植物学家里斯尔曾在1937年亲自感受到蛇树的威力：他无意中一只手碰到树枝时，手很快被缠住了。结果费了很大气力才挣脱出来，但手背上的皮肤被拉掉一大块。

奇树种种

　　不久前，一位学者在印度发现了一种奇怪的树，它的树叶带有很强的电荷，人若碰上，就会遭到电击。

　　这种"电树"能影响指南针的磁针。人们把指南针放在距"电树"25米以外的地方，就能看到磁针剧烈摆动。这种"电树"的电压在一天内还会发生变化。

　　在西非的热带草原上生长着一种从地面上滋生出许多枝杈的小树，当地人称之为"沙尔科采法留斯"，是一种在非洲久负盛名的"药树"。

　　这种树浑身是宝，它的体内含有大量能杀菌的生物盐。树汁无需加工，就能治疗疟疾、贫血和痢疾。树皮和根晒干后就是天然的"奎宁"。牙疼患者嚼一块"药树"的鲜树皮，疼痛即消。

　　19世纪下半叶，俄国著名的地质学家和植物学家施密特在考察滨海区时发现了不为人知的白桦树种，因而得名"施密特白桦树"。这种树木质坚硬，因而又有"铁白桦"之称。它的抗弯强度可与熟铁媲美，据说子弹也难以射穿它。

　　一般180至200年生"铁白桦树"可长到20米高，0.65米粗。用这种树做船体，可以免涂油漆，因为它既不怕酸，也不会锈蚀。近年来，林业专家正在设法扩大"铁白桦"的栽植区域。

"洗衣树"

在日常生活中，人们对洗衣机、洗衣粉是十分熟悉的，但大家是否知道，地球上还有一种能代劳洗衣的树呢？到过阿尔及利亚的人都会看到，那里的居民们在小河畔、清溪边，头顶蓝天，肩负衣物，笑语喧哗地用"洗衣树"洗衣的情景。

这种能洗衣的树名叫普当，是一种生长在碱性土壤上的常绿乔木。它枝粗叶大，浑身赭红，远看去犹如红漆的柱子，那高壮的树干，十分雄伟。

奇特的是，树皮上长着许许多多的细孔，冒着黄色的汁液。不知情的人，还以为它害了病呢！其实不然。由于阿尔及利亚为暑酷冬暖，树叶的蒸腾作用极大，为了补偿失去的水分，树根须从土壤中吸收大量的水分，而那碱性很重的土质，给它的生理活动带来了极大的危害。为了适应这一环境，它不得不在自己身上造出了许多奇特的细孔，专供排碱用。而它排出的这种黄色的液汁，恰恰是一种优质的洗涤剂，有着良好的除脂去污增洁作用。人们只要把衣物捆在树上，几小时后用清水轻轻漂洗一下，衣物便洁白干净了。无怪乎当地的人们都亲切地称它为"洗衣树"。

会出米的树

在菲律宾、印度尼西亚、马来西亚、巴布亚新几内亚等国家的许多岛屿上，生长着一种名叫西谷椰子的树。它属棕榈科，是常绿乔木，高约10～20米。叶生在茎的顶端，羽状复叶，长3～6米。花淡红色，结的果实大小如李子。

西谷椰子的树干粗直，含有大量淀粉。一般西谷椰子树的寿命为20年，开花后就死去。人们在它即将开花之前，砍倒树干，去掉枝叶，横锯成段，每段1米左右，再纵劈为二，用刀把茎内的淀粉刮出来，浸入水桶中，淀粉就慢慢地沉在桶底，把上面的水倒掉，干燥后可加工成大米状的颗粒，当地居民称之为"西谷米"。

"西谷米"，像大米一样香美可口，营养丰富。巴布亚新几内亚有十几万人就是以"西谷米"为主食。通常一棵10多米高的西谷椰子，约可制出200斤"西谷米"。

"西谷米"还是纺织工业上浆用的理想原料，因为它的淀粉不含糖，不怕虫蛀。西谷椰子树的嫩芽，也可当菜吃；叶子的柄很粗，可做建筑材料。它绿叶红花，四季常青，树姿优美，又是热带风光的庭园树种之一。

有生命的"石头"

　　当人们在非洲沙漠地区旅行时，会在仙人掌中看到一种像卵石一样的石头，然而它却是植物，人们就管它叫做"有生命的石头"。

　　这是一种多浆植物，名叫"生石花"。为了适应干旱的沙漠环境，它体内能贮藏大量的液汁，用以供给自身所需的水分。它的花很美丽，金黄色，很像我国的野菊花。通常每个植株开一朵花，着生在羊蹄形茎的顶部，但花期较短，只开放四五天就凋谢了。

　　目前世界各国植物园中均栽培这种珍奇的热带沙漠植物供观赏，在我国引种后，已引起了人们极大的兴趣。

会跳舞的"舞草"

200多年前，瑞典植物学家林砂在研究东南亚的植物时，把一种小叶能够旋转、摆动的植物命名为"舞草"。这种植物，广泛分布在我国的华南和西南等省区，在印度、缅甸、越南、菲律宾也有分布。近年来，人们对观赏植物的兴趣越来越大，"舞草"也常被报刊所提及。不过时至今日，对于舞草会"舞"的原因，人们仍然了解不多。

舞草是怎样跳舞的呢？这应先从了解它的叶子形态谈起。舞草属于蝶形花科山绿豆属，每片叶子分裂变为三片小叶，叫做"三出复叶"。其中，顶端的一片较大，长达8厘米，是不会舞动的。侧生的两片较小，仅约2厘米，却能"跳舞"——能转动，它有时是做360度的大回环，有时则做上下方向的摆动。有时快，有时慢。同一植株上的不同叶片，也有的转得快，有的转得慢，颇有节奏。这一植物界中罕见的奇观使人啧啧称奇。

舞草的两片小叶为什么会转动？人们曾提出过种种可能性。有人以豌豆为例，说豌豆由小叶变态而成的卷须，在生长过程中是不断旋转的，一旦遇上物体便缠绕而上，它明显地具有变态小叶能够转动的遗传信息。很可能，舞草在进化过程中，小叶也接受了"转动"的遗传信息，但却没有得到小叶变态为卷须的基因。所以出现了小叶能"舞动"的奇异现象。事情是否如此，只好待人们进一步研究证实了。

白令海的海带王

在白令海航行，可经常看到海面上漂浮着一簇又一簇褐色的带子。一次，我国"烟远"号渔轮停泊在美国阿拉斯加州的荷兰港西南14里处，发现了一大簇这样的漂浮物。船员们用钩子、索具把它吊上甲板时一看，原来是海带。

这棵海带大得出奇。船员们用20多米高的吊杆起吊，结果水中还漂着一大截！这棵海带在一簇根带上竟生长了176棵，其中有一棵叶长4.6米，总长38米，叶厚约2厘米。

把它做成菜肴尝一尝，"火腿炖海带"、"鲜鸡炒带丝"和"凉拌海带丝"……真可谓一席"海带宴"，味道美极了。更奇的是，仅这一棵大海带，全船98人美美地吃了两天，还没吃完。

中国树海猎奇

在美丽富饶的祖国大地上，树海林涛，遍布各省、市和自治区，树海中颇多珍树异木，其奇特的生理功能不仅颇有情趣，而且有较高的实用价值。

有"血液"的树：在两广和云南一带长着一种攀援灌木——鸡血屯，用刀割断它时，会像人的手指被割破时一样流出鲜血。截取干的树茎，切成薄片，泡在热水中也会有一缕缕血丝在水中徐徐散开，最后一杯水会变成鲜红的"血"。可是这种树的"血"，并不是像人体的血液一样，由红血球、白血球、血小板等组成，而是由鞣酸、胶质和混合多糖蛋白等组成，正因为它含有糖蛋白链索状分子，所以也像人血一样，验得出血型。奇怪的是，这种"血"的成分，虽与人血完全不同，但它治病的功能，却与人体的血液完全有关，能活血、补血、去瘀血，生新血，收缩血管，治疗妇女闭经、贫血性的神经麻痹和因放射线引起的白血病。

能降温杀菌的树：松树。除有吸热遮阳的功能外，它那无数伸向泥土深处的须根，能向地下吸水，通过树皮、树干输向树叶，由树叶排向天空。一亩松树，在一个夏天，能排出140吨水分，使松林周围二三百米范围内的气温下降三四度，温度增加15～20%。更奇特的是，松树能将体内所含的杀菌素，通过树叶，不断向空气中释放，一公顷松林每天能释放杀菌素60斤。这种杀菌素能杀死空气中的白喉、结核、伤寒、痢疾等致病的细菌，起自然防疫作用。松树全身都是宝，树干是优良的木材；松子是美味的食品；松叶、松塔、松根、松节、松花粉都是能防治流脑、流感和治疗风湿关节痛、跌打损伤、外伤出血、胃痛、湿疹等疾病的药材；松节油是用途很广的工业原料和药品；松脂凝成的松香是药材和工业原料，埋藏在地下年深日久、形成化石的松香就是名贵的药材和装饰品材料——琥珀。

能吸尘消毒的树：夹竹桃。红花绿叶，花期又长，在大气污染比较严重的城市里，特别是化肥厂、电厂、玻璃厂、水泥厂附近，多栽一些夹竹桃，它那长有蜡汁的树叶，可以吸粘飞入天空的大量灰尘、炭粒、铅、锌、汞等微粒，吸收污染大气的二氧化氮、二氧化碳、氟化氢、臭氧、氯气等有害人类的气体。非但如此，夹竹桃叶还能制成治疗风湿性心脏病、肺原性心脏病、动脉硬化心脏病、高血压性心脏病、先天性心脏病、产后心脏病以及毒性心肌炎引起的心力衰竭的有效药物。

能制沙的树：在新疆的沙漠地带，一旦种上沙枣，几年以后，黄沙便很快被它制伏。树的庞大根群深入沙丘，每天吸收沙里的大量水分，供繁茂的枝叶蒸发，减少了土壤中的积盐；沙枣根还像黄豆根一样，长有许多瘤，将游离的氮素固定到土壤之中，加上年复一年的落叶，在地上腐烂分解，使土壤逐渐肥沃。于是以一排排沙枣树为挡风墙、拦沙屏的后面，一块块新的绿洲出现了。沙枣树干是优良的木材和燃料；枝叶是含有丰富的蛋白质、脂肪和糖的好饲料；结的沙枣含鞣质和黄酮类等物质，是治疗胃痛、腹泻、身体虚弱、肺热咳嗽的药材；沙枣花能止咳平喘；枝茎中的沙枣胶也是治疗骨折的中药；沙枣蜜清香甜润，味美可口。

能产"猪油"的树：在我国西双版纳和海南岛一带，有一种被傣族同胞称为"猪油果"的树，树上结有西瓜那么大的瓜果，每个枝头结瓜6至8只，一只瓜可榨油一两多，放到锅里炸熟以后，口味却与猪油相仿。一棵猪油果树，一年可收1至200只猪油果，榨出的油足够一个普通家庭全年食用。

能产食盐的树：黑龙江和吉林省交界处有一种"木盐树"。在夏天，这种树会把从盐碱地里连水一起吸进树内的氯化钠，从树皮上分泌出来，当地人用刀把这些盐霜刮下，作为食用，与精制盐相似。

能产苏打的树：在新疆南部孔雀河和塔里木河汇合的地方——铁干里克，郁郁葱葱地长着一片片叫"异叶杨"的树，这种树能把盐碱土中的碳酸钠连水一起吸进树内，再通过树皮、树丫、树窟窿，大量分泌出树外。当地居民把这种形状与成分完全与苏打相同的物质，叫做"梧桐碱"。

能吸干沼泽的树：食品店有一种能止咳的桉叶糖，这里面一种具有杀菌止咳作用的桉叶油，就是从桉树的叶子中提取的。桉树在我国四川、云南和两广一带都有栽培。这种树能够在沼泽地里生长，而且像一只只活的吸水器。在前苏联波契附近的里翁盆地，有一大片沼泽地带，种上大量的桉树以后，经过10至15年，沼泽地里的积水被吸干了。前苏联曾用这个办法，改造了高加索和格鲁吉亚的大片沼泽地。

比铁还硬的树：生长在我国东北的一种铁桦木，木质细密坚硬，比普通钢材还要硬一倍，子弹打到它身上会蹦得一下弹开去。海南岛的子京木，广西的宪木、格木，也都是这样，刀斧难入，虫蛀无损，下水即沉，水湿不腐。如果用它们来做球磨机里的弹珠，比钢制的还要好，不但耐磨，而且钢制弹珠，磨久了要发热冒烟，这些木头做的弹珠却安然无恙。广西容县用格木建造的真武阁，已有800多年历史，不用油漆，仍然是乌黑油亮。

跳舞树：在西双版纳勐腊县原始森林中，有一种会跳舞的树。在这种树旁播放音乐，树身便翩翩起舞，婀娜多姿。如果音乐嘈杂，它便停而不舞。

气象树：广西忻城有一颗树龄150多年的青杠树，晴天树叶呈深绿色。当树叶变红时，3天内就会下雨，雨过天晴，叶子又恢复本色。

雨树：西双版纳地区有一种"雨树"，它的叶子一尺多长，中间凹陷，四周微微隆起，每当太阳落山时，它就吸收周围蒸气发出的水分，一夜间能吸收一二斤水。中午，烈日当空，叶子受热，舒展张开，水便泻下，当地人经常在树下洗个痛快澡。

煤油树：海南岛的油楠树，俗名叫"煤油树"，只要在树干上钻一个小孔，就有淡黄色的油液流出来，点火即燃，气味清香，胜似煤油，当地居民都习惯用这种"煤油"来点灯照明。

白菜树：在云南省临沧市境内有一种"白菜树"，它有小腿高，一株树能长三至四颗白菜，若把长着的白菜砍下，树上还能长出新白菜。

植物世界的冠军

在植物世界里，个体的高矮，外形的粗细，寿命的长短，奇丽的花朵，多变的叶子，花色繁多，千姿百态，构成了一个苍郁秀丽的绿色世界。

世界上最高的树是澳大利亚的杏仁桉，一般高达100多米，树干直插云霄，有45层楼那么高。因此，鸟儿在树顶上唱歌，在树下听起来，就像蚊子的嗡嗡声那样小。这种树基部围周长达30米，树干笔直，向上逐渐变细，枝和叶密集生在树的顶端。叶子长得很奇怪，叶子侧面朝天，像挂在树枝上一样，同阳光的投射方向平行。由于那里气候干燥，阳光强烈。这种垂挂的叶子可以减少水分的蒸发。

世界上最矮的树是生长在高山冻土带的矮柳，它的茎葡匐在地面上，抽出枝条，长出杨柳一样的花序，高不过5厘米。

最矮胖的树是非洲的波巴布树，一般直径约12米。坦桑尼亚有棵波巴树，高不过22米，树的直径约15米，围长有47米，需要30个人手拉手才能围绕起来。

据报道，在西西里岛的埃特纳火山边，有一棵大栗树，树干的周长竟有55米左右，要30多人才能手拉手环抱过来。

体积最大的树要算美国加利福尼亚州的巨杉了。美国的一棵最高的巨杉，高约142米，直径有12米，树干周长约37米，已有3500多岁。它几乎上下一样粗。它虽没有杏仁桉高，但是要粗得多，因此，巨杉的体积比杏仁桉大得多，是世界上体积最大的树。人们叫这个树中巨人为"世界爷"。

孟加拉榕树是世界上树冠最大的树。孟加拉树枝叶茂密，它能由树枝向下生根。这些根有的悬挂在半空中，从空气中吸收水分和养料，叫"气根"。多数气根直达地面，扎入土中，起着吸收养分和支持树枝的作用，仿佛树干。一棵榕树最多的可有4000多根气根，从远处望去，像是一片树林。人们叫它"独木林"。孟加拉的杰索尔地区有一棵榕树，有600多株"树干"，树冠硕大无比，覆盖面达42亩，树高36米多。它是世界上最大的榕树。

陆地上最长的植物是白藤。它是热带森林里在大树周围缠绕成无数圈圈的"鬼索"。从根部到顶部一束羽毛状的叶子，长达300米，最高记录为500米，海里最长的植物海藻长约400米，也可以说白藤是世界上最长的植物了。

世界上最大的花是大王花。它生长在印度尼西亚苏门答腊森林里，是大花草的花，直径达1.4米，5片又厚又大的花瓣，外面带有浅红色的斑点。花蕊直径30～40毫米，像一个大圆盘，盘里有雄蕊和花蛋，可以盛放5～6升水。一朵花有6～7公斤重。这种古怪的植物，本身没有茎，也没有叶，一生只开一朵花。花刚开的时候，有一点儿香味，不到几天就臭不可闻。香花和臭花的作用一样，都是招引昆虫前去传粉。

世界上最小的花是生长在西印度群岛的透明草，它的花朵直径只有0.35毫米。

花儿开的时间最长的是一种热带兰花，能连续开上80天。

花期开放最短的是亚马孙河的王莲花，早晨刚绽开，10多分种后就萎谢了。

再讲叶子的长短。亚马孙河的大王莲叶，直径有2米长，像只大盘子。可是，亚马孙棕榈的一张叶子连柄带叶有24.7米长，热带的长叶椰子的叶子更长，达27米长，这是世界上最长的叶子了。

最长寿的叶子是非洲西南部的沙漠中的"百岁兰"。它外形奇特，茎又短又粗，高只有10～20厘米，茎干周长有4米，宽30厘米，比一张单人席还要长一大截。它一生中，两片叶子百年不凋谢，而和整棵植株共生同死。

世界上最大的种子是大复椰子，最重达15公斤，所以复椰子树又叫大实椰子树。

最小的种子小得简直像灰尘一样。

世界寿命很长的种子是古莲子，有5000岁。

1967年，加拿大报道，北美洲育肯河中心地区的旅鼠洞内，发现了20多粒北极羽扇豆的种子，它们深埋在冻土层里。经碳14测定，它们寿命长达万岁。在播种试验时，其中6粒发了芽，并长成了植株。它真是名副其实的"万岁爷"了。

世界上最重的果是南瓜。1984年，美国加利福尼亚州举行的南瓜比赛，华盛顿州的诺曼·加拉格尔采收的一个南瓜，重277公斤，打破了世界最高纪录。

世界上最长寿的树是龙血树。在加那利岛上的一棵龙血树，500年前，西班牙人测定它约有8000～10000岁。它于1868年的一次风灾中被毁。目前，地球上最老的寿星是墨西哥沙漠中的一种拉瑞阿属的灌木，寿长11700岁。

最短命的要算生活在沙漠中的短命菊了，它只能活几星期。它的种子在稍有雨水的时候，赶紧萌芽生长，开花结果，赶在大旱到来前，匆忙完成它的生命周期。

形形色色的怪树

大自然奇妙无穷，许多树木各有不同的本领。有的树木能产水、产酒、产米、产油、产盐，甚至产牛奶、羊奶等，真是大千世界，无奇不有。

巴西东部草原的一种纺锤树，树干两头细，中间较粗，像特大纺锤。最粗的纺锤树直径约5米，可贮水2吨左右。人们在草原上旅行，路上缺水，就砍倒一棵纺锤树，取出里面的水来解渴。澳大利亚的巨瓶树和马达加斯加的瓶干树也都能贮藏大量水分。

在墨西哥的荒漠区，也有一种能贮水的植物，叫巨柱仙人掌，它有20米高，60厘米粗，里面薄壁组织十分发达，能贮1吨水。常常有许多鸟儿飞到巨柱仙人掌上去，饮水解渴。

日本新潟县城川村有株罕见的老杉树，能自己造出芳香扑鼻、味美醇浓的美酒。

非洲东部有一种酒树，名叫"休洛树"，它分泌出来的液汁，长年飘香，当地族人经常带了菜肴在树干刻个小洞，到树下取饮，甚至招待宾客呢。

牛奶树原产于南美洲，树干中有一种液体，里面含有糖和蛋白质，还含有脂肪，是一种难得的富于营养的饮料，可与牛奶相比。

非洲马里的一种奶油树，结的浆果像李子大小，每棵树能结25～55千克。浆果榨出的油在室温下呈固体状态，乳黄色，很像奶油，因此叫"奶油树"。

希腊吉姆斯森林区长有一种叫马德道其菜的树，高约3米，树身粗壮，长有常绿的细尖叶子，树身粗糙，每隔几十厘米就有一个绿色的奶苞，会自己滴出"奶汁"来。这种奶苞在根的基部特多，当地牧羊人将羊羔放到树下，吮吸树汁长大。

马来西亚、尼日利亚、扎伊尔等国盛产的油棕，每个果实重约20公斤，果肉和果仁占15公斤左右，鲜果肉含油40～50%、果仁含油50～55%，被称为"世界油王"。

在柬埔寨生长的许多糖棕树，它的花朵特别大，花朵里贮藏着大量的糖汁。人们在糖树上挂个竹筒，用尖刀把花朵剖开，糖汁就滴进竹筒里。这种糖汁既可制糖又可酿酒，还可以代替葡萄糖进行输液。加拿大的糖槭树，也可钻孔采集糖液，炼成枫糖，清香可口。

东南亚和南亚以及太平洋的一些岛屿上，长有一种面包树。每年开花期8～9个月，不断结果，一年可收摘3次。果实大小不等，大的像西瓜，小的像柑桔，嫩时绿色，熟时变为黄色。营养很丰富，人们把熟了的面包果切成薄片，放在火上烤，会散出面包香味，吃起来酸中有甜，味美可口，别有风味。

马达加斯加长有一种奇特的面条树。这种树每年4—5月开花，6—7月结出呈条形的果实。最长的有2米，当地人叫它"须果"。每当须果成熟时，人们忙着采摘，晒干收藏。到食用时，把它放在水里煮熟，然后捞出加上作料，就成为一碗味道鲜美的"面条"了。

印度尼西亚西利伯岛上有一种树，树皮可以大片大片地剥下来。把它浸在水里，就变得又松又软，再经过高压处理，就成了天然的布料，可制成雨衣。因此，它被称做"布树"。

巴西有一种树，它的树皮很容易剥下来，把它放在水里浸泡，然后用木槌轻轻捶打，晒干后可以缝制成衬衣。

此外，还有产"牙刷"、"胶水"、"肥皂"、"蜡烛"、"柴油"、"电"和"灭火剂"的树等等，不胜枚举。

原始草本植物——蕨

蕨是生长在山野的草木，这种植物遍布于全世界温带和热带，它有着顽强而旺盛的生命力。

蕨类植物是高等植物中比较低级的一个类群，旧称"羊齿植物"。古生代的羊齿植物如鳞木、芦木等，长得又高又大，大多绝迹了。现代生存的蕨类植物，大多为草本植物。

在地面上大多看不到蕨的茎，它粗壮的根状茎里面有丰富的养分，上面生有密密的细根，横长在地下，能蔓延生长，具有强大的生命力。地下茎年年能随处长出叶子来。初生的嫩叶上部卷曲着，外面长有白色的绒毛。叶子渐渐长大，叶柄上生有深绿而美丽的羽状复叶。

野生在山野的蕨，朴素而茁壮，它并不开花，不结种子，只是从叶背的边缘上长出褐色隆起的构造，这些隆起部分老熟时，散出无数孢子，孢子散落在温暖潮湿的地方，经过复杂的发育过程，就生出新的蕨来。

蕨类植物种类繁多，约有12000种。大致可分为松叶蕨、石松、木贼（以上为拟蕨类）和真蕨（真蕨类）四种。我国蕨类植物约有2600种，主要分布在长江以南各省区。世界上唯一幸存的木本蕨类桫椤，已列为我国一级重点保护植物。

蕨的叶形的变化很大。真蕨类的叶子，叶片长度小的不足1厘米，长的可达2米以上。根据叶裂情况可分为草叶、一回羽裂，一直到多回羽状分裂。叶脉有单一不分叉、二叉脉、羽状脉和网状脉等型。

拟蕨类的叶子就完全不同了。如松叶蕨的叶子是鳞片，木贼的叶子呈鞘状，石松的叶子为针状，这些叶子叫"小叶"，有别于真蕨类的大叶。根据蕨类化石判断，古生代、中生代是拟蕨类繁盛的年代，现在大多是真蕨的天下了。

银蕨是新西兰的国树。新西兰的国徽上有两片向左右伸展的叶片，这就是银蕨的叶子。

银蕨是新西兰蕨类植物的一种。它既非花又非树，属多年生草本植物，根茎较长，复叶，羽状分裂，用孢子繁殖，常见于潮湿的山地和树林里。

新西兰的蕨类植物多达150种，其中54种是当地特有品种。银蕨外观似"树"，笔直的"树"干，呈辐射状的"树"冠，犹如一顶绿色的华盖。生长在密林里的银蕨，挺拔高耸，有的高达10多米。南岛还有一种巨蕨，叶片硕大，长达3米。20世纪初，当地人就把银蕨视为蕨类植物的代表，当做新西兰的象征。国家橄榄球队运动员的上衣都绣着银蕨叶作为国家的标志。

桫椤是蕨类植物中最高大的一种，一般高3～8米，在南太平洋岛上的热带森林中高达20米。茎干粗壮，不分枝，表面有很多棕色鳞毛。叶片长1～3米，深绿色，薄如纸页，叶背面有许多圆形孢子囊群，每个孢子囊内有64个孢子。我国云南、贵州、四川、广东和台湾等地也有分布，可栽培作园林观赏树。

蕨类植物有广泛的用途，很多种类可供食用，嫩芽做蔬菜，如蕨，清香可口，有"山珍之王"的美誉。《诗经》中"言采其蕨"，最早提到了蕨。我国各地又叫蕨为龙头菜、蕨菜、米蕨菜、如意菜等。日本人也爱吃用蕨和松茸等做的菜，具有鲜美的特殊风味。许多蕨的根状茎里含有淀粉，古时常用蕨粉来代替米谷。许多种类是有名的药用植物，如石松、木贼、卷柏、莲座蕨等，有些蕨类如石韦、芒萁等，是指示植物。

巨草如树旅人蕉

　　婀娜多姿的旅人蕉，原产马达加斯加岛，是那里最著名的植物。马达加斯加人将旅人蕉誉为国树，象征马达加斯加人一切为了祖国和意志坚强的民族精神。

　　旅人蕉为芭蕉科植物，干木质，形状很奇特，没有树丫，笔直的树干高达20多米，上面长着硬得像芭蕉似的叶子，一般长达1.5米以上，宽约70厘米，是单子叶植物中最大的叶子。全部叶子集中在高大的茎干顶部，它不像一般树木枝叶向四周扩散，而是别致地排成平面，向两旁伸展，远远看去好像是一棵芭蕉树，近看很像开屏的孔雀，又似展开的扇面。

　　这种树的每个叶柄底部，都有一个像大汤匙般的"贮水器"，每个能贮水几斤。这种天然的贮水器，既没被污染，又很晶莹。当人们在茫茫沙漠、草原上旅行，被热沙炙烤而疲惫干渴得难以忍受的时候，遇上这种旅人蕉，不但可供人纳凉，叶子可当扇子，而且可提供消暑解渴的饮料。

　　人们用刀子在茎干上划开一条口子，美味可口的汁液源源流出。它真是沙漠旅行家的好朋友，难怪人们又叫它"旅行家树"、"旅人木"和"水树"了。

　　旅人蕉外貌虽然像树木，其实是像香蕉那样同是草本植物。植物学家为了纠正旅行家"树"的讹传，给它取了旅人蕉的名字，把它那芭蕉似的长相和能供人饮用的特征都包含了。又因为它的叶子排成扇子形状，所以它又有另一个名称："扇芭蕉"。

　　旅人蕉已从故乡马达加斯加散布到非洲许多热带地方和沙漠地区，还移植到布隆迪等国家的碧野闹市，点缀在住宅和别墅前，令美丽的湖光山色风景区锦上添花。

　　旅人蕉既能生长在土质肥沃、雨量充足的地方，也能扎根于贫瘠不毛之地。由于气候条件炎热干燥相仿，它同著名的美洲的纺锤树，澳大利亚的巨瓶树虽然不是同类植物，却都有一种趋同的特性，能够积蓄大量的水。

我国海南岛近年来也栽种了旅人蕉。它在树林婆娑的岛上生长得很繁茂。

旅人蕉的长叶子，可以用做盖屋顶的材料。它的果实形状有点像黄瓜，可供食用。

被称做"洗衣妇"的薰衣草

薰衣草的花期长，花穗密集，花冠鲜艳，是优良的观赏植物和蜜源植物，也是重要的芳香植物。

薰衣草是唇形科多年生的亚灌木，同薄荷、留兰香是同一个家族。薰衣草的干茎直立，分枝很高，约40～80厘米。细密的披针形叶子，小枝顶端簇生紫罗兰色花，花形呈萼筒状。

薰衣草定植后，第二年开始开花，第三到第六年为盛花期，一株能抽出花序1000多个。一年可开花两次，第一次5月中旬，花期约两个月；第二次8月中旬，花期可达3个月。盛花期内，薰衣草含油量在一天正午前后3小时含油率最高，阴天或晴天的早晨、傍晚，含油率最低。所以采花炼油就需要适时，先将薰衣草的整花穗剪下，收集后及时用水蒸气蒸馏，就可获得一种无色或微黄色透明的油状液体。大约每50公斤鲜花，可以提取1公斤的薰衣草油。它可用来治疗神经心跳、气胀、疝痛等症。

薰衣草是名贵香料，它芳香馥郁，清香持久，令人心旷神怡。它是制造香水、香皂、冷霜、发蜡、爽身粉、花露水、清凉油、空气清洁剂等的芳香原料。

薰衣草为什么香味芳香幽雅呢？原来，花瓣内有油细胞，含有一种芳香油，当花儿怒放时，芳香油不断挥发，散播到空气中，发出阵阵幽香。薰衣草油里含有芳樟酯、醇等30多种有机化合物，各有自己的独特香气，不同种类的薰衣草含芳香油成分有差别，散发出的香气浓淡也就不一了。

阿尔卑斯山脉南麓及地中海北岸，是薰衣草的原产地。这里气候冬季温和湿润，夏季炎热干燥，光照充足，有利于薰衣草的生长。古代欧洲人就已经用野生薰衣草花枝来保存衣服、驱避虫害了。

大约在17世纪时，欧洲人先从薰衣草中提取芳香油，英国人用它来制造香皂。从此，人们开始栽种薰衣草，而大面积栽种还只是在20世纪初。

薰衣草的英语叫拉文达（lavandula），是"洗衣妇"的意思。它源自西班牙语，因为西班牙妇女喜欢将这种植物的花来薰她们洗净了的衣服。英语的"盥洗室"也是由此而来。英语的一句成语"用拉文达将它存起来"，是"保管好"的意思，因为薰衣草的香气可以防蛀。

现在，世界栽种的薰衣草有薰衣草、穗薰衣草、杂薰衣草三个品种。杂薰衣草由于适应性强，产油量高，所以种植最多。法国是世界出产薰衣草油最多的国家，主要产在东南部地中海海滨的普罗旺斯地区。那里400～1500米的山坡、丘陵地区，土壤疏松肥沃，气候适宜，环境得天独厚。薰衣草长得欣欣向荣，把山河装扮得更加秀丽。

50年代，我国开始从法国、前苏联和保加利亚等国引种薰衣草，现已在河南浚县、陕西大荔、黄龙、新疆伊犁地区建立生产基地，生产的薰衣草油已广泛用于多种日用卫生品中。

不畏严寒的冬青

在雪花飘飞大地冰封的严寒季节，冬青却战寒斗雪依旧是那样满树苍翠、生机盎然，难怪人们叫它冻青了。

冬青是冬青科常绿小乔木或多枝灌木，又叫万年枝。叶呈长椭圆形，互生单叶，两面光滑无毛，边缘有浅锯，入冬时，有的叶片可变成紫红色。5月初，由枝条先端的叶腋间抽出聚伞花序，开出淡紫色小花，或黄白色小花。核果12月成熟，颜色深红，终年不凋。

冬青树皮平滑，灰青色。树形整齐，枝叶茂密，在阴湿的地方，也能正常生长发育，适应性较强，可作为庭园观赏绿化树种栽培。

冬青品种有大叶和小叶两类，小叶种又有米叶与波缘的区分。冬青叶小枝柔，萌芽力特强，经攀扎造型，并不断修剪、摘芽，枝、叶能很快盈满成丛。在弯曲株干时，皮层有时会破裂开来，只要把它放在阴湿环境中养护一个多月，就能愈合，而且会显露出苍劲古朴的气概。

冬青繁殖除用种子播种外，还可以在五六月间选取当年新枝扦插，极易成活。但是得让它生长三四个月后，等到根系较多时方能移植，否则容易死去。冬青萌芽发枝力很强，可以根据需要进行修剪。

冬青主要分布在我国长江流域以南各地，供观赏。木材坚韧，可做细木制品。叶含有原儿茶酸，有广泛抑菌作用。叶可做药用，名叫"四季青"，性寒，味苦涩。功能有凉血止血、清热解毒，用来治疗烧伤、肾盂肾炎、尿路感染、菌痢、肺炎等症。

江苏、浙江一带，通常把木犀科的女贞也叫做冬青，实际上是完全不同的种类。

红色枫叶的槭树

每年深秋季节，秋风萧飒，寒霜刚过，加拿大漫山遍野的槭树，枫叶彤红，娇艳可爱，令人赏心悦目。加拿大人以枫树为国树。

枫树又叫糖槭，是一种落叶乔木，树形高大，有的高达40多米，粗60～100厘米。呈互生，有锯齿，掌状，通常三裂，幼树常为5瓣。

长期以来，加拿大人对枫叶有着深厚的感情，把美丽的枫叶当做国宝。枫叶作为加拿大的标志，可追溯到1700年前后。1860年，英国韦尔斯王子访问加拿大时，人们曾用火灼的枫叶作点缀欢迎王子的光临。在加拿大的日常生活中，到处可以见到枫叶的图案标志。

加拿大人喜爱枫叶，一是它很美，秋天，枫叶灿如朝霞，十分瑰丽，有如怒放的春花；二是因为枫树能产出甘美的枫糖。

加拿大的枫树液含糖量3%～7%，有的可达10%。一株树龄15年的枫树可年产糖2.5千克左右，并可连续产糖50年以上。

据说，当地的印第安人在300多年前就知道采集枫树液汁，制作枫糖和甜食了。

加拿大有10多个枫树品种，其中的糖枫和黑枫最著名，是熬糖的上好原料。加拿大东南部的魁北克和安大略是枫林最多的两个省，那里有几千个生产枫糖的农场。

每年从3月开始，加拿大人都要兴高采烈地欢庆传统的枫糖节。枫糖节期间，产糖的农场都粉饰一新，向游人开放。来自加拿大、美国和世界各地的游客，都拥到枫树之乡去参观，欣赏那割液时的情景，亲口尝尝刚从树干淌出的新鲜糖液，当地人还为游客表演民间歌舞，带领来宾参观美丽繁茂的枫树、枫叶。

枫树容易繁殖，长得快，寿命长达500年。枫树是一种一年种植，多年得益的糖、林兼用树种。枫树木材纹理美观，是制作提琴、钢琴等乐器的良材。

　　加拿大是世界上出产枫糖最多的国家，每年从枫树中得到3200吨糖，占世界枫糖总产量的70%以上，除供应本国需要外，还大量出口。

能监测大气污染的雪松

雪松是雪松属的常绿大乔木，大枝向四周平展，小枝微微下垂，叶在长枝上散生，短枝上多枚簇生，宛如一座绿色的"宝塔"。雪松中有喜马拉雅雪松、黎巴嫩雪松和塞浦路斯雪松等优良品种。

黎巴嫩是地中海东岸的一个山国。黎巴嫩，当地语的意思是"白色"，指山峰的积雪。在地中海东岸长150公里的黎巴嫩山上，海拔1000～2000米的地方，那里山高多雾，空气清新，土质良好，雨量适中，这些得天独厚的自然条件，很适合雪松的生长。所以古代埃及人把黎巴嫩山区称为"雪松高原"。

在首都贝鲁特附近海拔2000多米的山顶，有座雪松公园，生长着几百棵雪松，其中几十棵已寿长千岁了。这里曾经发生过强烈的地震和海啸，虽然一再遭到灾难，却依然有不少雪松生存了下来。

《圣经》中把雪松称为"植物之王"，古代腓尼基人传说雪松是上帝所栽，因此称它为"上帝之树"或"神树"。

雪松不但貌美，而且是极好的城市和庭园绿化树种。因其特有的瑰丽苍翠而被人们誉为风景树的"皇后"。

雪松的叶针形，坚硬，幼叶多白色，远望时，树枝上仿佛覆盖着一层白雪，所以叫做"雪松"。雌雄同株或异株。雌球花和雄球花分别着生在短枝顶端，雄球花近黄色，直立，雌球花开始是紫红色，以后呈淡绿色，略带白粉。球果椭圆形，长8～12厘米，鳞片多枚；种子三角形，上端有翅。

雪松经济价值也很高。雪松是优良木材，本质坚硬，纹路细密，含有油脂，散发清香，不易翘裂，抗腐防潮，经久耐用，是良好的建筑、桥梁、枕木、造船和家具用材。古代埃及、亚述、以色列、巴比伦的宫殿和神庙都是腓尼基人用松木建造的。善于航海的腓尼基人用雪松造成坚固的船只，航行到世界各地贸易通商。

近年来，古埃及开罗出土的公元前2500多年建造的古埃及太阳船，就是黎巴嫩雪松建造的。在古埃及人的宗教仪式中，雪松也是必不可少。法老死后的殉葬品中所必需的船只或船桨都用雪松制作。所以埃及人称雪松为"死者的生命"。

雪松原为高山树种，在长期的人工栽培下，已经适应了各种自然环境。

1920年，我国开始引种雪松，现北京以南各大城市都有引种栽培。在长江中下游一带，由于气候温暖湿润，土壤肥沃疏松，因而栽培十分广泛。南京是全国培育雪松的最大基地，繁殖的雪松苗木供应20多个省市需要，南京各条街道处处都能见到雪松，成了市树。

雪松对大气中的氟化氢和二氧化硫有很强的敏感性，它又可以作为大气污染的监测植物。

巴西的"生命之木"

　　美洲热带地区有三种名贵树木：生命之木、桃花心木和巴西木。

　　"生命之木"是牙买加的一种观赏树。牙买加土地肥沃，气候宜人，风景美丽，是旅游胜地。旅游者踏上这块国土，无不以先睹"生命之木"及其紫蓝色花朵为快。牙买加人因生命之木木质坚硬、花朵美丽而将它作为自己民族争取自由、独立的象征，把它尊为国花。

　　生命之木的花可以入药，木材可做机轴，又可雕刻成各种工艺品。

　　桃花心木主要分布在西印度群岛的多米尼加、巴哈马、古巴、牙买加，中美洲的洪都拉斯和南美洲的委内瑞拉、哥伦比亚和巴西等国。我国广东已经引种桃花心木成功。

　　桃花心木是热带雨林中生长的一种高大的楝科常绿乔木，高达25米。叶为偶数羽状复叶，有4～12对小叶。春夏开花，白色花瓣。蒴果较大，坚硬木质，内有种子，用来榨油，在工业上广泛应用。

　　桃花心木的木材，色泽鲜艳，褐色带红，劈开以后，变为金黄色。木质坚硬耐久，能防虫蛀。

　　早在16世纪，作为优质木材，桃花心木就被用来建造船舶，制作建筑雕塑。古老的圣多明各教堂里面的精美雕刻艺术品，用的就是桃花心木。桃花心木坚固耐蚀，现在用它制造船舰和飞机的部件。它花纹美观，用来制作高级家具；经过加工成薄片，可做镶木和贴面等装饰物。

　　桃花心木有着重要的经济价值，多米尼加共和国尊它的花为国花。在各种商品标签和重要文件上，到处都有桃花心木花的图案。

　　巴西的国名源自一种巴西木。16世纪时，葡萄牙人来到美洲，发现了一种豆科苏木属植物，是一种常绿灌木或小乔木。它秋季开紫红色花朵，木材纹理细密，色泽鲜红，坚固耐用。人们给它取了个名字：巴西木。葡萄牙语的意思是"红木"：

巴西的国名就由此而来。

从巴西木中可以提取红色染料，人们将木材碾碎成粗粉末，再将它浸泡或煎熬，就能得到一种红色染料——巴西灵，能溶解于水中。刚提取出来的巴西灵是淡黄色，当它同空气接触，或加上碱溶液后，就变为紫红色了。那时候，它作为纺织品和其他工业品的染色剂，十分贵重。葡萄牙王室曾经将巴西木列为专利，垄断了巴西木的采伐和贸易权利，欧洲殖民者由此而大发横财。

后来，由于化学原料的崛起，巴西木作为染料已经失去了原有的辉煌地位，但是，它仍旧是制造高级家具和雕刻艺术品的优质木材。

热爱故土的野百合

戈比爱是一种野百合花，它同百合花是同一个家族又同属的姊妹。戈比爱又叫红铃兰，是百合科铃兰属植物，而百合是百合属植物。

铃兰是多年生草本植物，生有横行分枝的根状茎。叶通常为2枚，长椭圆形，基部互抱呈鞘状。花茎顶生总状花序，夏季开花，花开如铃，下垂，清香似兰，因此叫"铃兰"。

戈比爱花原来只有蓝色和白色两种。16世纪，智利的印第安人阿劳坎族在民族英雄劳塔罗的领导下与西班牙殖民者进行了一场不屈的斗争。1555年，劳塔罗队伍第三次打败了西班牙殖民军。正当侵略者即将崩溃的时候，不幸由于义军内部叛徒的出卖，劳塔罗和他率领的上万名战士遭到敌人暗算，全部战死疆场。第二年春天，在劳塔罗及其将士牺牲的地方，突然开遍了红色的戈比爱花。

人们说，是由于义军的鲜血浇灌，这才有了红色的戈比爱花。

戈比爱的地下根茎钻出地面，长出茎叶，叶细长。春夏之交，从鳞片腋内抽出花轴，开小花，下垂似铃。花色美丽，花期很长，从初春一直开到冬至，鲜艳不败。这一簇簇像血一般鲜红、火一般热烈的花朵，正是智利人民争取独立自由的象征。

据说，18世纪，一位西班牙学者在智利看到了戈比爱，把它移植到法国，但很快枯死了。以后，其他国家的一些植物学家也做过移植试验，但都没有成功。戈比爱似乎不愿远离故土，一直保持故乡特色，世世代代装扮着智利的锦绣山河。

"坚强不屈"的柚木

柚木产于东南亚。柚木是缅甸的国树，被当做坚强不屈的民族精神的化身。

柚木是马鞭草科落叶大乔木，缅甸语叫它"克云"，树高40米以上。

柚木的枝四棱形，上面有星状的绒毛。叶子很大，长30～70厘米，对生，卵形或椭圆形，叶背面密生黄棕色星状细毛，叶芽嫩时红棕色，揉碎后有鲜红色液汁，在原产地妇女用它作为胭脂来涂唇，所以又叫它"胭脂树"。

每年5—9月开花，花很小，白色，有芳香，无数朵小花丛密密构成圆锥状花序，长25～40厘米。10月到第二年2月结果实，核果球形，有棱，坚硬，外果皮茶褐色，有海绵状的细毛，里面有种子1～4粒。

柚木原产缅甸、泰国、印度、印度尼西亚等地。现在我国广东、广西、云南、福建、台湾等省区都有栽培，是海南岛海拔500米以上地区的重要造林树种。

柚木生长迅速，木材纹理通直，质地坚硬，硬度适中并有弹性，色泽美观，颜色从金黄到暗褐不等，树龄越老颜色越深，加工后呈现美丽的光泽。柚木很少膨胀和收缩，不变形，不开裂，耐磨，又耐腐蚀，不会被白蚁蛀蚀，是世界著名的珍贵木材之一。

柚木适于制造船舰、桥梁、屋架等，是建筑宫殿楼阁，制造高级家具、精细木工雕刻、高级地板等的优良材料。

东南亚山区是世界柚木的主要产地，柚木的产量和出口量都占世界的80%以上。100年来，缅甸柚木畅销世界各地，占世界柚木出口量的75%。柚木成了缅甸的国宝。

参 考 书 目

《科学家谈二十一世纪》，上海少年儿童出版社，1959年版。

《论地震》，地质出版社，1977年版。

《地球的故事》，上海教育出版社，1982年版。

《博物记趣》，学林出版社，1985年版。

《植物之谜》，文汇出版社，1988年版。

《气候探奇》，上海教育出版社，1989年版。

《亚洲腹地探险11年》，新疆人民出版社，1992年版。

《中国名湖》，文汇出版社，1993年版。

《大自然情思》，海峡文艺出版社，1994年版。

《自然美景随笔》，湖北人民出版社，1994年版。

《世界名水》，长春出版社，1995年版。

《名家笔下的草木虫鱼》，中国国际广播出版社，1995年版。

《名家笔下的风花雪月》，中国国际广播出版社，1995年版。

《中国的自然保护区》，商务印书馆，1995年版。

《沙埋和阗废墟记》，新疆美术摄影出版社，1994年版。

《SOS——地球在呼喊》，中国华侨出版社，1995年版。

《中国的海洋》，商务印书馆，1995年版。

《动物趣话》，东方出版中心，1996年版。

《生态智慧论》，中国社会科学出版社，1996年版。

《万物和谐地球村》，上海科学普及出版社，1996年版。

《濒临失衡的地球》，中央编译出版社，1997年版。

《环境的思想》，中央编译出版社，1997年版。

《绿色经典文库》，吉林人民出版社，1997年版。

《诊断地球》，花城出版社，1997年版。

《罗布泊探秘》，新疆人民出版社，1997年版。

《生态与农业》，浙江教育出版社，1997年版。

《地球的昨天》，海燕出版社，1997年版。

《未来的生存空间》，上海三联书店，1998年版。

《宇宙波澜》，三联书店，1998年版。

《剑桥文丛》，江苏人民出版社，1998年版。

《穿过地平线》，百花文艺出版社，1998年版。

《看风云舒卷》，百花文艺出版社，1998年版。

《达尔文环球旅行记》，黑龙江人民出版社，1998年版。